谨以此书献给——

光荣的地质队员和

牺牲在山野的无名队友!

他山之石，可以攻玉。
　　　　——《诗经·小雅·鹤鸣》

至诚则金石为开。　　　　　　——刘歆

臣心一片磁针石，不指南方不肯休。
　　　　　　　　　　——文天祥

土生万物，万物归土。
　　　　　　　　——《周易》

刘兴诗

—— 著 ——

刘兴诗爷爷讲地球

大地的宝藏 上册

矿物、岩石和土壤

长江出版传媒 | 长江文艺出版社

图书在版编目（CIP）数据

大地的宝藏：矿物、岩石和土壤：全二册 / 刘兴
诗著. -- 武汉：长江文艺出版社，2023.10（2024.11 重印）
　　（刘兴诗爷爷讲地球）
　　ISBN 978-7-5702-3141-6

　　Ⅰ. ①大… Ⅱ. ①刘… Ⅲ. ①地质学—少儿读物
Ⅳ. ①P5-49

　　中国国家版本馆 CIP 数据核字(2023)第 091023 号

大地的宝藏：矿物、岩石和土壤：全二册
DADI DE BAOZANG：KUANGWU、YANSHI HE TURANG：QUAN ER CE

| 责任编辑：任诗盈 | 责任校对：程华清 |
| 设计制作：格林图书 | 责任印制：邱　莉　胡丽平 |

出版　长江出版传媒　　长江文艺出版社
地址：武汉市雄楚大街 268 号　　　邮编：430070
发行：长江文艺出版社
http://www.cjlap.com
印刷：湖北新华印务有限公司

开本：720 毫米×1000 毫米　　1/16　　印张：14.75
版次：2023 年 10 月第 1 版　　　2024 年 11 月第 2 次印刷
字数：165 千字

定价：56.00 元（全二册）

目录

夜明珠、雨花石，更有神秘祖母绿，神灵胸前玉石串，女王头顶水晶钻。熠熠发光五彩斑斓，看得人眼花缭乱。

翡翠碧绿宝石红，石英坚硬云母软；有的朴实无华，有的磷光闪闪。满满一个矿物箱，真是洋洋大观。金银铜铁锡，五金如五行。各自有特性，用途说不完。好似人中豪杰，一个个大显神通，流芳在世间，叫人深深赞叹。

第一章
女娲补天的神话

女娲是谁？

她是我国远古传说中的一个伟大的女神。

开天辟地的盘古死后，天地间空荡荡的。后来不知从哪儿钻出来另外一个女神，她就是伟大的女娲。

女娲独自生活在这个空荡荡的世界里，觉得非常寂寞，决定按照自己的样子，造一些小人儿。

她用泥土捏成一个个小人儿。有的多和了一些水，变成了性情柔和的女人；有的水分少些，则是性情刚强的男人。说也奇怪，这些小泥人儿一落地，就全都活蹦乱跳，迈开腿儿到处乱跑了。天地间一下子就有了生气，一点也不寂寞了。

小泥人儿做了一个又一个，如此这般她觉得太麻烦了，干脆就用藤条蘸着泥浆朝四面一洒，挥洒出去的泥水点儿，也变成了有生命的小人儿。女娲的功劳不仅仅是造人，之前还曾经补过天。

据说，古时候水神共工和火神祝融打仗。共工被打败了，气得一脑袋朝支撑天空的柱子撞去。一根柱子被撞倒了，天坍塌了一块，日月星辰全都东升西落，大地也朝东南方向歪斜了，使地面的江河统统流进东南边的深渊。这场祸事闯得不小，天地完全乱了套。女娲连忙炼了五色石子补天，又用芦苇烧的灰堵塞住洪水；再杀了一只大乌龟，砍下它的四只脚，当成柱子竖立在四方，把坍塌的天空像帐篷一样撑起来，这才重新整理好天地的秩序。

啊，她造了人，又补天，功劳真不小呀！

这样说，有根据吗？

《淮南子》这本书的两段记述交代得更加清楚。一段在《览冥训》里，记述说："往古之时，四极废，九州裂，天不兼覆，地不周载，火爁焱而不灭，水浩洋而不息。猛兽食颛民，鸷鸟攫老弱。"另一段在《天文训》里，描写说："昔者，共工与颛顼争为帝，怒而触不周之山，天柱折，地维绝。天倾西北，故日月星辰移焉；地不满东南，故水潦尘埃归焉。"

这样的记载当然也不精确，但是却透露了一些远古时期自然界的情况。

瞧吧，这个故事不仅包含了丰富的内容，还藏着一个又一个的谜。

故事中有水神共工和火神祝融打仗的情节。

为什么古时候的人们对这件事的印象这样深刻？为什么不是别的神仙打仗，而是水神和火神狠狠干了一架，弄得人们的生活很不安宁？推想起来，当时必定到处洪水成灾，加上熊熊烈火，好像水神和火神显灵，相互打了起来。

洪水容易理解，烈火是怎么一回事？很可能由于气候干旱，引起山火。要不，就很难解释了。

水，本来是克火的，水神怎么会打不过火神？应该从当时的

邵原镇女娲补天
雕塑

气候特点寻找真实的答案。

第一，必定是干旱的时间特别长，引起的
山火或草原野火特别大。当时虽然也有洪水，可能由于发洪水的
时间很短暂，影响的范围不如火灾大。在人们的印象里，就是火
神战胜水神了。

第二，这个故事里，反映了日月星辰东升西落的现象。虽然
没有进行解释，但是原始人能注意到这个天体视运动的规律，还
是很了不起的。

第三，当时的人们还发现了大地朝东南方向倾斜，河流由西
向东流淌的现象。这岂不是中国地形的三大阶梯由西向东逐级降
低，以及由此而引起的江河流水往东汇入大海的现象吗？

第四，女娲应该是当时的部落首领，可以推测这些事情应该
发生在最早的母系氏族社会里。母系氏族社会最繁荣的时代，是

六七千年前的河姆渡文明和仰韶文明。但是那时候的气候温暖平和，很少有洪水和山火成灾的情况。这种情况可能发生在距今18000多年，时间更早的山顶洞文明阶段。当时正好和晚更新世末次冰期相当，反映了那个时代的恶劣环境以及原始先民艰辛生活的情景。

女娲补天的故事，不仅反映了当时的气候状况，还表现出当时人们对中国地形和江河水文规律的认识，具有很可贵的价值。瞧呀，咱们的老祖宗把这些自然现象解释得多么有趣啊！

在这儿，还得注意女娲补天用的石头，那是什么东西？没准儿请许许多多有学问的地质学家来，也没法说清楚。可不管怎么说，却透露了一个很有意义的消息——早在那么遥远的时代，人们就学会把石头作为工具，也许这就是石器时代的反映吧！

五色石子呢？

至少反映了当时的人们已经能够分辨石头的颜色了。女娲掌握了用火烧炼石头的技术，是不是最早的冶炼技术呢？

去问女娲自己吧！

去问消逝的历史吧！

第二章
五光十色的矿物

人们老是说"岩矿"，把岩石和矿物混淆在一起。其实二者根本就不是一码事。

矿物是岩石的"细胞"，是组成岩石的基本成分。好比螺旋桨、机翼都是飞机的零件，而飞机是由许许多多零件组成的。论起辈分来，岩石要比矿物高一个等级呢。

矿物的"零件"呢?

那就是一些自然元素了。

世界上的矿物多种多样，有的成分很单纯，有的是多种元素的化合物，并不都是一样的。

自然金、自然铜、石墨、硫黄和金刚石，只是由一种元素组成的。

多种元素组成的矿物就多了，种类也非常复杂，一下子说也说不完。例如赤铁矿、磁铁矿、锡石、铝土矿是氧化物；褐铁矿是氢氧化物；岩盐、萤石是卤化物；方解石、白云石、孔雀石、菱铁矿是碳酸盐；黄铜矿、黄铁矿、方铅矿、闪锌矿、辉锑矿、雄黄、辰砂是硫化物；石膏、重晶石、芒硝是硫酸盐；磷灰石是磷酸盐；

滑石、云母、长石、石榴子石、绿泥石、绿帘石、角闪石、辉石、橄榄石、蛇纹石、石棉、高岭石、红柱石是硅酸盐，都是不同元素组成的化合物。

孔雀石

因为不同的矿物的化学成分和内部结晶构造不同，所以它们的形状和物理、化学性质也不一样。

岩盐颗粒是四四方方的立方体；透明的水晶是带尖顶的六方形柱子；云母可以一片一片剥开；石榴子石有四角八面体的，也有五角十二面体的；方解石不管怎么敲打，裂开的碎块都是同样的菱形六面体。

矿物的晶型很多，为了方便认识，地质学家按照晶体的三个相互垂直的轴向的发育程度，将其大致分为一向延长型、两向延长型、三向延长型三种。

什么是一向延长型？就是矿物在其中一个方向发育很迅速，其他方向发育比较缓慢。所以这样生成的晶体就是长条形、长柱形，甚至是针状、纤维状等，包括石英、角闪石、辉锑矿、石棉和部分石膏，都是这个样子的。

两向延长型的矿物，两个轴向同等发育，第三个方向发育比较慢，常常生成板状、片状晶体，例如长石、重晶石、方解石等。

三向延长型是三个轴向几乎同等发育，生成的晶体几乎都是等轴状的立方体、四面体、菱面体等。黄铁矿、萤石、石榴子石、金刚石等可以作为例子。

有的矿物是单晶，有的可以组合成一些集合体，有放射状、针状、纤维状、片状、簇状等。例如石英晶体可以组成奇异的晶簇。也有些矿物以未结晶的集合体形式出现，例如葡萄状、鲕状、钟乳状、结核状等。各种各样的形状，看得人眼花缭乱。它们的形状真奇妙呀！

石英

矿物世界是五彩缤纷的，精彩得简直难以想象。

打开五光十色的矿物标本箱一看，谁都会感到非常惊奇。

哇，简直看花了眼睛！

土红色的赤铁矿、金黄色的黄铜矿、红褐色的褐铁矿、翠绿色的孔雀石，其表面好像都是用水彩涂绘的。除了这些，还有各种各样色彩的矿物。

拿起一颗金刚石对着太阳光一看，闪烁着一片耀眼的亮光；方铅矿、黄铜矿散发出金属表面一样的光泽；水晶和萤石，像玻璃一样反光；云母的亮光像珍珠；石棉的亮光像华丽的丝绸。各种各样的光泽，显示了它们非凡的风采。

各种矿物的破裂情况也不一样。当它们受到外力后，沿着晶体内部的一定方向，也就是结晶格架中，一些化学键连接的软弱处分裂的特性叫作解理。有的只有一组解理，有的有两组、三组，甚至四组解理。有的解理好，有的差。有的甚至根本就没有解理，破裂面很不规则，呈贝壳状、参差状等断开。这种情况统统叫作断口。

不同矿物的硬度、比重、透明度、磁性、放射性等各种各样的性质也都不一样，矿物世界形形色色的变化可多了。

第三章
比一比，谁硬谁软

刚玉

来！来！来！请到比武台上来比试比试。谁英雄、谁好汉，比一比，就知道。

来！来！来！请来比试比试。谁硬、谁软，比一比，一下子就清楚了。

这是谁和谁比软硬啊？比试完毕，也颁发奖杯、奖状，分出冠军、亚军和季军吗？

不是的，这儿说的不是少林寺、武当山的比武擂台，不是三山五岳武林高手的功夫大会，压根儿就没有什么奖杯、奖状的玩意儿。

这里说的是测试矿物的硬度呀！

什么是硬度？就是矿物表面抵抗外来机械作用，主要是抵抗刻画作用的能力。

一块矿物硬不硬，不能只凭嘴巴说。到底有多硬，得要有一个划分的标准才成。

1822 年，奥地利矿物学家摩斯选择一些常见的典型矿物，根据它们的硬度差别，制定了一个摩式硬度计（见表 1），用来测定各种各样矿物的硬度。

表 1　典型矿物的硬度

硬度级别	矿物名称	硬度级别	矿物名称
1	滑石	6	正长石
2	石膏	7	石英
3	方解石	8	黄玉
4	萤石	9	刚玉
5	磷灰石	10	金刚石

自然界里形形色色的矿物，一个个软硬都不一样。有了这个硬度计，就能比较出各自的硬度了。例如一个需要测定的矿物，可以刻画正长石，却不能刻画石英，硬度就是二者之间的 6.5，再方便没有了。

这个方法虽然很好，可是谁会随身带着这些典型矿物到处走呢？就是地质队员，也不会傻乎乎携带这么多的矿物到野外呀！

怎么办？

有办法！在日常生活中，用一些常见的东西也能代替这些作为测试标准的矿物。

指甲就可以作为一个标准。指甲能够刻画石膏，却不能刻画方解石。它的硬度就在石膏和方解石之间，相当于 2.5；小刀可以刻画磷灰石，却不能刻画正长石，它的硬度就在磷灰石和正长石之间，相当于 5.5；玻璃片可以刻画正长石，却不能刻画石英，它的硬度就在正长石和石英之间，相当于 6.5。掌握了这种测试方法，就可以测出各种各样矿物的硬度了。

滑石

话说到这里，需要补充一句。作为测试的标本，必须是一块矿物的新鲜面。如果矿物长期暴露在外面，经过风化以后，硬度就会大大降低，不能作为测试标准了。

还要提醒大家的是，这只不过是级别的划分，不能当成硬度的倍数计算。

此外，还应该分清打击硬度和研磨硬度，也就是韧性和脆性的差别。以金刚石来说，摩氏硬度达到了10，打击硬度却很低，狠狠一击，立刻就会裂开。软玉的摩氏硬度只有5.5~6，可是它的打击硬度却很高，能够经受大锤猛击，最多只在表面上留下浅浅的凹痕而已。

呵呵，这岂不是像一些人，平时瞧着挺硬气的，一旦受了外界"风化"，遭遇一点挫折，就立刻垮掉了；而有的人平时瞧着似乎不怎么样，关键时刻却能经受强烈打击的考验。这就是韧性和脆性的差别吧！

小卡片

测定物体的硬度

请你用相互比较的办法，测试出不同矿物，以及日常生活中各种各样物体的硬度，一个个记录下来。

第四章

会分身魔术的透明矿石

冰洲石

变！变！变！

一变二，二变四……

你在纸上写一个字，一下子就变成两个。

变！变！变！

二变四，四变八……

你画一只小猫，一下子就有了两个影子，好像一只小猫后面，还藏着另一只顽皮的小猫呢。

咦，这是怎么一回事？

这不是春节联欢晚会魔术师的表演，而是一块透明矿石的特殊本领。只要把它放在一张纸上，加上光线的照射，奇迹立刻就出现了。只见纸上的一个字或一幅画，统统变成两个影子，好像它们会分身术似的。

哦，这是什么矿石，怎会有这样神奇的本领？简直就像一个魔术师在表演。

请记住这个魔术师的名字吧！你听说过它的名字吗？这就是有名的冰洲石。

噢，冰洲石，是一块冰变成的石头吧？

哦，冰洲石，莫非和遥远的冰岛有关系？

第一种说法是错误的，后面这个说法倒是有点靠谱。因为它最早是在北大西洋区域的冰岛被发现的，所以就叫这个名字。

再说了，因为它周身洁净透亮，很像一块冰呀！冰洲石这个名字一语双关，真是再恰当不过了。

冰洲石到底是什么东西？

地质学家说，冰洲石和常见的方解石是一家。说白了，它就是一种透明的方解石。

它和常见的方解石一样，外形都是十分整齐规则的平行菱面体。不同的只是方解石不透明，它却是透明的。隔着它，可以清清楚楚看见后面的东西一个个都变成了奇异的双影。

啊呀呀！这真了不得，真的像是神灵附体了。迷信的人们见着它，没准儿会烧香叩拜呢。

哈哈哈！哪有什么神呀鬼的，这只不过是一块普普通通的矿石而已。

冰洲石没有魔法，也没有灵性，原来这是光线玩弄的把戏。

地质学家告诉大家，冰洲石有双折射的特性。光线射入后，会分解成两股光波，所以就形成两个互相重叠的图像了。

由于它有这种特性，加上透明度很高，所以可当作制造光学仪器的原料，主要用于国防工业和制造高精度光学仪器。用它制造棱镜、偏光仪、偏光显微镜、枪炮瞄准器、大屏幕显示设备等，有非常广泛的用途。不消说，它的价格也非常昂贵，黄金白银也比不上呢！

话说到这里，需要补充一句。因为它和方解石一样，摩氏硬度只有3，很容易摩擦损坏，所以必须好好保护才成。

人们不禁会问，它既然和方解石是一家子，为什么不干脆叫它透明方解石，而要取这样一个使人迷惑的名字呢？

这个名字很好嘛！许许多多的人都有两个名字。孙悟空又叫孙大圣，李逵又叫黑旋风，为什么透明的方解石不能叫作冰洲石？

我国也有许多冰洲石的产地，贵州省黔西南布依族苗族自治州的望谟县，就蕴藏着丰富的冰洲石矿床。那里不仅储量大，还有许多巨型单晶，重量可以达到10吨以上。想一想，多么了不起呀！

🔵 小卡片

方解石

方解石是一种常见的造岩矿物，主要成分是碳酸钙。

在方解石的表面轻轻滴一点稀盐酸，就能激烈起泡。它的外表是白色，用它画出的条痕也是白色。它的外形是平行菱面体，在光线照射下能反射出玻璃光泽。如果其中含有杂质，颜色也会变化。如果方解石中含有铁和锰，就会变成浅黄、浅红、褐黑等颜色。方解石的纯度用肉眼就能看出来。

由于它的主要成分是碳酸钙，常常用来做水泥、石灰等工业原料，在冶金工业中也可用来做一种特殊的熔剂。

它实在太普遍了，是地球主要造岩矿石的一种，种类有上百种呢。

方解石

第五章
神秘兮兮的夜明珠

噢，夜明珠，多么神秘呀！古时候有许许多多关于夜明珠的传说，没有一个不让人心里痒痒的。

夜明珠是什么玩意儿？

按古人的说法，这是在黑暗中能够发光的一种宝物。

夜明珠有多亮？

传说，一颗夜明珠就能把海底龙宫照耀得通亮。

啊！这哪是什么珠子，简直比日光灯还亮，和探照灯一个样呀！如果真有这么一颗强光夜明珠，海底探险就方便了。

海底龙宫的事情太玄乎了，谁也不会相信。说一个有鼻子有眼的故事吧。

据说慈禧太后死后，嘴里就含着一颗夜明珠。此珠分开是两块，合拢就是一个圆溜溜的珠子，发出一团绿莹莹的寒光。晚上在百步之内，可以照见人的头发丝儿。不消说，这是一个价值连城的宝物。后来这颗夜明珠被军阀孙殿英盗墓偷走了，转献给特务头子，又落到地位更高的人物手中，不知道最后的下落。

这个故事里，有近代的人物，也有孙殿英盗墓的真实事件。听起来似乎真有这么一回事呢。

　　传说，印度的热带丛林里，有一种神秘的蛇宝石，在阴森森的林中散发出绿幽幽的微弱亮光。它的旁边总有一条眼镜蛇守护着，谁也不敢接近，所以就叫这个名字。

　　眼镜蛇真的喜欢宝石吗？难道它真是宝石忠心耿耿的卫兵？

　　当然不是的。

　　这是骗人的吗？

　　科学家说，不，这个传说是有根据的。因为宝石会发出一点儿光芒，招引来许多好奇的小虫子，围绕在它周围飞来飞去。昆虫又吸引来捕虫的青蛙。而眼镜蛇守候在旁边，正是捕食傻乎乎的青蛙的好机会，所以就传出这样的故事了。

　　再从历史书里寻找吧。《后汉书·西域传》里，有一段关于大秦国的记载说："土多金银奇宝，有夜光璧、明月珠……"这里所说的明月珠，也就是能够发光的夜明珠。这是正儿八经的历史，绝对不会错。

　　这些古书中记载的夜明珠，散发着微弱的亮光，就接近真实情况了。

　　夜明珠的历史非常悠久。据说人们在史前时期就发现了这种晚上发光的神奇石头了。古时候又叫它"随珠""悬珠""垂棘""明月珠"。史书中说秦始皇的陵墓中也有夜明珠"以代膏烛"，即作为幽暗墓室的照明工具。汉光武帝郭皇后的弟弟，有一颗夜明珠，"悬明珠与四垂，昼视之如星，夜望之如月"。唐玄宗时代，有一颗夜明珠可以"光照一室"，和今天的电灯一样。

　　中国古代的夜明珠有不少来自西亚和南亚。人们特别喜欢的

绿色萤石

叙利亚孔雀暖玉，其实就是萤石。据明代典籍《博物要览》记载，元代曾经专门派人到波斯（今天的伊朗）买回宝石夜明珠，就是硅酸盐类的红色石榴子石。而到锡兰国（今天的斯里兰卡）买回的夜明珠"照殿红"，就是铝酸盐类的红色尖晶石。

夜明珠真的可以代替灯烛，照亮整座宫殿，或者森林的一角吗？

哦，这有些夸大了，当然没有那么亮。有的萤石在无光的夜晚所发出的亮光，不过在两三米的距离能够被看见而已，并没有照亮整个房间甚至水下龙宫的功能。传说毕竟是传说，不能说得太神奇了。古人有用萤火虫照明刻苦读书的故事，跟夜明珠相比，萤火虫就平凡得多了！

夜明珠到底是什么东西？

地质学家说，这一点也不稀奇。在自然界里，确实有一些发光的矿物。

并不是它们本身发光，而是在受了外界的刺激后，例如摩擦、通电、加热或者紫外线、X 射线、阳光照射的时候，会产生发光现象。说白了，就是矿物发光性的体现。萤石就是最好的例子。

萤石的主要成分是氟化钙，所以它还有一个学名叫氟石。根据它的特性，人们又叫它软水晶、彩虹宝石、梦幻石等。听着这些名字，就让人觉得充满了幻想，十分喜欢它。

萤石含有硫化砷，日间受到太阳曝晒后，晚上就能发出绿莹莹的微光。经过多次实验证明，除了太阳的紫外线，如果用 X 光照射或者将萤石加热，它也能发出蓝绿色的荧光，所以由此得名。可见，所谓的夜明珠不是自身发光，而是经过光热刺激后才产生一些亮光的。

1995 年，广州中山大学、中国地质大学、北京大学的学者联合对一颗萤石夜明珠的发光特性进行实测。用紫外线激发其发光，在距它 10 厘米处可以看清印刷品上的字迹。

萤石不过是一种石头嘛，怎么会有这种特异功能？科学家对它的发光原理也有不同的解释。有人说，这是因为萤石中混入了硫化砷的成分或者一种碳氢化合物，在光的刺激下发生激化，晚上则释放出能量，就产生神奇的夜光了。这种光亮可以保持很长时间，显示出特殊的功能。

除了萤石，某些含有杂质的金刚石、水晶、磷灰石、重晶石、白钨矿、锆石也能发出绿、蓝、紫、黄、红色的微弱亮光。

最后顺便说一下，萤石有吸收太阳光后自行发光的特点。这是一种非常普通的矿物，也算不上珍贵的宝石。

喂，朋友，找一块萤石来玩玩吧，一定非常有趣呢。

萤 石

萤石的主要成分是氟化钙。呈玻璃光泽，很脆，容易破碎。由于含有的杂质不同，会呈现灰、黄、绿、紫等许多颜色，也有无色透明的。在紫外线或阴极射线的照射下，可以发出蓝绿色荧光。可以从中提取氟，是冶炼金属最好的助熔剂。纯度很高的氟石可以用来制作特种透镜。萤石在冶金、化工、建材、轻工、光学、雕刻等行业中有很大的用途。

第六章

没有铅的铅笔

我们常用的铅笔，是用什么原料做的？

孩子们异口同声地说："铅笔的原料当然就是铅啰！要不，怎么叫铅笔这个名字？"

铅笔的原料真的就是铅吗？

老师说："铅笔的原料是石墨，不是铅。"

石墨是什么东西？是像石头一样的墨吗？

这话有些对，也有些不对。

石墨的确和石头有一些关系。因为它也是一种矿石，当然和石头有关系了。它能像墨一样用于写字，所以叫石墨。这个名字可是名副其实了。

孩子们对铅笔再熟悉不过了。笔芯黑黑的、很软，用小刀可以将其削得很尖。

为什么它是黑的？因为它本来就是碳嘛。石墨是一种结晶形碳，黑黑的，可以用来写字。铅笔就有这个特性。

为什么它很软？因为它的摩氏硬度只有1到2，小刀的硬度是

5.5，比它硬得多，当然可以把它削尖。

石墨

请你记住啦：黑的；很软；另外用手摸，有一种特殊的油腻感。这就是石墨的一些重要特点。

石墨有什么用处？

孩子们知道铅笔的来历了，异口同声地回答说："可以用来写字呀！"

是的，因为它有这个特点，所以在古希腊人的嘴里，它的名字干脆就叫"用来写"，一听就明白。

石墨是怎么变成铅笔的？

这话说来就长了。有人说，16世纪中叶，英格兰一些牧羊人为了分清自家和别人家的羊群，就用一种黑色的矿物在羊身上画记号。因为拿着不方便，也容易弄脏手，后来就把石墨矿石研磨成粉末，去掉杂质制造成纯净的石墨粉，加热凝固以后，压制成笔芯。然后再用两根木条把它嵌在中间，一支最早的铅笔就这样做出来了。

石墨是一种常见的矿物，除了用来制造铅笔，还有许许多多用处。

它能够耐高温，用来做耐火材料最好，冶金工业的石墨坩埚就是一个例子。它可以导电、导热，电气工业的许多地方都少不了它，它还是原子反应堆的重要材料。它的润滑性很好，可以成为各种各样的润滑油、润滑剂。它的化学稳定性很好，能够耐酸、碱以及有机溶剂的腐蚀。它的可塑性好，韧性很强，可以碾成很薄的薄片，用在不同的领域，用途非常广泛。

石墨是这个样，铅呢？

铅和石墨不同。一个是金属元素，一个是非金属元素，二者根本就不是一家人。铅虽然不能做铅笔，却在电池、焊锡、炮弹的生产制造，以及机械、电力工业等方面有非常广阔的用途。值得一提的是它的合金可以铸造铅字、排印书刊，多年以来对传播文化有很大的功劳。

第七章
昆虫的玻璃棺材

嘘，小声些，别惊动了沉睡的小精灵。

这是什么精灵？是童话故事里的小妖精，还是孩子们都很熟悉的蓝精灵？

不，都不是的。这是一些小昆虫。

咦，这是怎么一回事？什么小虫子在这儿睡觉，不让人们打扰？

噢，在这儿睡觉的昆虫可多了。有小小的蜜蜂、蚊子、苍蝇、蚂蚁，还有不同颜色的各种各样的小甲虫。一个个躺在近乎透明的罩子里一动不动，好像真的睡着了。它们纤细的脚爪和触须、薄薄的翅膀，全都完整无损。似乎睡一会儿它们就会醒来，轻轻迈开脚爪，拍着翅膀，爬进草丛里、森林中，飞上高空。

再仔细瞧瞧。这儿除了这些小虫子，还有许多细密的花粉，以及树叶和草叶的碎片。它们不声不响藏在里面，仿佛在一个魔咒之下全都睡着了。好像是在童话中的睡梦王国，一旦时机成熟，稍微惊动一下，它们就会全部从梦中醒来，重返生机盎然的世界。

是呀！这真的像是梦的天地。一切都那么奇妙、那么神秘。静悄悄的，没有一点儿动静。似乎所有的小精灵都在等待着一声神秘的命令，才会纷纷恢复失去的生命和神采。

仔细看包裹着它们躯体的物体，也很神秘呢。

这不是一般隔绝光线的棺材，而是一种透明的物质。

这是专门给逝去的尊贵人物卧躺的水晶棺吗？

不是的。如果轻轻摸一下，它不像水晶棺那样硬邦邦，而是一种软软的东西。

它也不是一般无色透明的罩子，带着一些浓淡不一的色彩。有的黄澄澄，有的微微泛出一些儿红黄色。不消说，这都是接近透明的，只不过透光的程度有些不一样而已。古往今来躺在水晶棺里的大人物，没有一个能得到这样神奇的待遇。

是啊！是啊！天然的棺材当然比人工打造的好得多，也神秘得多。后面的介绍还会告诉你，原来这还是有机的呢。

我要在这儿说的是，这算得上是一种特殊的"棺材"，但不

琥珀与昆虫化石

能说是真正的棺材。

　　它包裹住一个个失去生命的小昆虫，当然是保存亡者躯体的棺材啰。可这不是人间常见的棺木。如果说它是博物馆里保存珍贵标本的玻璃罩，则更加接近真实的含义。

　　噢，越说越玄了。那么，这到底是什么东西？

　　这就是琥珀呀！

　　美丽的琥珀，多么好看啊！

　　你看它，黄澄澄、亮晶晶的，在太阳光下闪烁着奇异的光芒，实在是太让人喜爱了。

　　琥珀是什么？

　　琥珀就是松树的泪珠。

　　远古时期，一滴滴松脂滴下来，吞没了不小心经过这里的昆虫，它们一起落进地面的沙层，被埋藏和遗忘了。漫长的时间过去了，这些松脂连同里面的昆虫，统统成了特殊的化石。原先软软的松脂，渐渐硬化变成了光亮的琥珀。

　　唐代诗人韦应物在《咏琥珀》诗中描写说：

　　　　曾为老茯神，
　　　　本是寒松液。
　　　　蚊蚋落其中，
　　　　千年犹可觌。

　　原来琥珀是不小心被裹入松脂的小昆虫，和松脂一起变化成的。说它是昆虫的玻璃棺材，的确有点道理。

　　明代大医药家李时珍在《本草纲目》中，解释了它的成因，说它是"树之津液也，在木不朽，流脂日久变为琥珀"。

哦，原来琥珀不是石头，而是一种有机质的"宝石"。如果把它加热，还会发生变化。琥珀在 150 ℃ 时开始变软，到 250℃～300℃ 就完全熔化了。当它燃烧的时候，会发出一股松香气味。用力摩擦它，还能散发出淡淡的清香。所有这一切都宣告了它原本是松脂的来历。

这真的是从松树上流下的松脂。细细看一看，有的琥珀表面还保留着当初树脂流动时生成的纹路，有的里面还有一个个小小的气泡呢。

因为这是年代久远的松脂，也就是俗话所说的松香，所以有的还带着淡淡的香气呢。

嘘，轻一点，这儿封存着一个个千万年前的梦。

这是怎么一回事，难道一个梦能够延续千万年吗？就算真的是南柯一梦，也不过百十年，哪有上千万年的梦。琥珀中封存的昆虫，竟有千万年的历史，形成于人类出现以前呢。

这是真的！

我们说完了琥珀生成的原因，再说它生成的时间吧。

原来这些松脂生成的琥珀，都是 6500 万年前中生代末期的白垩纪，以及再近些的新生代老第三纪、新第三纪时形成的。传说中的南柯梦发生的历史时期，能够和它相比吗？

琥珀大多埋藏在砂砾岩和煤层中，透露了当时它们生存的环境。著名的抚顺煤矿的煤层中，就含有许多琥珀，这表明当时这儿是一片无边无际的大森林，树脂滴下来，俘虏了一个个不幸的小昆虫。波罗的海地区、缅甸和美洲的多米尼加，也是著名的琥珀产区。

琥 珀

琥珀英文叫"amber"，据说源自阿拉伯文，就是"胶"的意思。中国古代认为它是"虎魄"，意思就是"虎之魂"。琥珀、琥珀，就是"虎魄"。

琥珀的质地很轻，呈现出树脂光泽。它的性质很脆，硬度很低，摩氏硬度只有 2～2.5。没有解理，敲开呈贝壳状断口。周身亮晶晶的，有宝石一样的光泽，散发出芳香的松香气味。在紫外线下可以发出蓝色、浅黄、浅绿色的荧光。

琥珀非常美丽，是可以当作宝石一样的收藏品，不过收藏它得要好好注意。因为琥珀是有机物，非常娇气。怕火、怕汽油、怕敲击、怕暴晒，可以溶于酒精。将它加热到 150℃就会软化，250℃～300℃就熔化了，得要小心保存才成。

琥珀

第八章
美丽的雨花石

一个外地人到南京，兴致勃勃地打听："请问，这儿有什么土特产？"

当地人热情回答说："咱们这儿的土特产可多了。著名的有南京板鸭、桂花盐水鸭，还有形形色色的秦淮小吃，都是驰名中外的土特产。尝一尝，永远也不会忘记。"

外地人摆手说："不，我说的是'土'里的'特产'，不是这些美味佳肴。"

当地人明白了，不无骄傲地告诉他："要说咱们这儿土里的特产，就是天下闻名的雨花石呀。"

是啊！雨花石出产在南京中华门外风光优美的雨花台，和别的鹅卵石混杂在一起，藏在厚厚的砾石层中，当然是土里的特产啰。

为什么外地人急着到处打听这种特殊的"土特产"呢？为什么当地人提起这种土里的特产就如数家珍呢？人们不是说了嘛，这是普天下闻名的东西呀！

为什么雨花石这样有名气？因为这种小石子实在太美丽了。

雨花石

　　雨花石色彩变化万千，鲜艳绚丽，晶莹透亮，非常可爱。石头表面一圈圈纹理非常细致，幻化出了种种奇妙的图案，使人琢磨不透这是天然产物，还是幻想的结晶。人人见了都喜爱，具有很高的观赏价值，自古以来就是有名的观赏石，成为南京一种著名的"土产"。游客来到这儿，没有谁不想拾几颗带回去的。即使一下子找不着，也要在路边小店买几颗，作为"到此一游"的最好纪念。

　　雨花石出产在南京中华门外的雨花台。它藏在泥土和砾石层中，有些神秘兮兮的，要想找到它可不容易。

　　关于雨花石的来历，有一个神奇的传说。

　　据说在南北朝的梁朝，有一个外地来的僧人云光法师在这里讲经。他精通佛法，讲得非常精彩。不仅招引来许多和尚和一心信佛的俗家居士，连天上的神仙也被吸引住了，纷纷腾云驾雾前来听课。

神仙们听得高兴了，就从天上抛下许多鲜花，献给讲课的云光法师。这些四处飞散的鲜花落在山冈上，一下子就变成了许多美丽的五彩石头。

北宋徽宗大观年间，吏部侍郎卢襄根据这个引人入胜的传说，把云光法师讲经处命名为"雨花台"。这种神奇的花石头，因为是"天花乱坠"的结果，也就顺理成章被改名为雨花石了。其实它在当时还有一些别的名字，比如绮石、五色石、六合石、灵岩石、江石子、螺子石等。有一个叫杜绾的人，在《云林石谱》中，就把它称为"玛瑙石""螺子石"，这里因此也被叫作玛瑙岗。在《大明一统志》中关于南京的这一节，又把它叫作雨花台石。书中写道："雨花台石，聚宝山出。"由此可见，雨花台还曾经被称为聚宝山。什么"宝"聚在这儿？那就是大名鼎鼎的雨花石呀！

六朝古都南京本来就非常有名，是当时的一个文化中心。神奇的雨花石自然引起了无数文人的注意与追捧，因此也就被写入许多文学作品中了。明末清初时著名作品《桃花扇》的作者孔尚任，就在一首《六合石子》中写道：

千岁江，万年风，

滴就乾坤难老松。

石玲珑，夺巧工。

帷幔重重，觅个相思梦。

诗词中所说巧夺天工的"石玲珑"，就是美丽的雨花石了。

《红楼梦》的作者曹雪芹生活在南京，对这儿非常熟悉。他在书中所描述的"通灵宝玉"的原型，很可能就是雨花石。

你看，书中描写的一段话："宝钗托于掌上，只见大如雀卵，灿若明霞，莹润如酥，五色花纹缠护。"

仔细分析一下，曹雪芹描写的大小、形状、色彩、花纹，这块"通灵宝玉"岂不就是一个活脱脱的雨花石？

外地人到南京寻找雨花石，往往直奔雨花台。由于盛产雨花石，这儿越来越有名气了。大家都死盯住这个巴掌大的地方，削尖脑袋在泥土里翻找，往往都大失所望。

唉，晶莹夺目的雨花石，哪有这么多？经过上千年挖掘，早就被翻找得差不多了，很难在这儿再找到几块质量好的成品。真是乘兴而来，败兴而归。

明代散文家张岱在《雨花石铭》一文中就说过："大父收藏雨花石，自余祖、余叔及余，积三代而得十三枚……"

瞧瞧，他们一家三代在这里寻找，经过了好几十年，才得到十三块像样的。如今的后来人，想一下子就找到许多质量好的雨花石，这有可能吗？

其实，雨花石并不是这儿独一无二的特产。说起来，周围许多地方都有它的踪迹。南京本地人知道，在附近的六合、仪征、江宁、江浦等地，雨花石储量也很丰富。古人不是说过六合石吗？六合已经代替雨花台，成为新的雨花石产地。市场上出售的雨花石，很多都是从这儿来的。

让我们把问题再转到雨花石的真实来历吧。

当然啰，这肯定不是云中的神仙散花，也不是《红楼梦》中的"通灵宝玉"。地质学家一致认为，这是第四纪早更新世期间古老河流阶地堆积层上的砾石，该区域名叫雨花台砾石层。这儿包括雨花石在内的各种各样的卵石，都是河流冲刷带来的。

既然是河流堆积物，就得判定这条河是从哪里流过来并把这些砾石留在这里的。

苏东坡在《东坡志林》记述说："岸多细石，往往有温莹如玉者，深浅红黄之色，或细纹如人手指螺纹也。既数游，得二百七十枚，大者如枣栗，小者如芡实，又得一古铜盆盛之，注水粲然。有一枚如虎豹首，有口鼻眼处，以为群石之长。"

瞧，这是什么东西？岂不就是活灵活现的雨花石吗？我在黄冈赤壁考察过，那里就有和雨花台同层位的早更新世高阶地。苏东坡在这里发现雨花石，一点也不稀奇。

往上游追溯，我在宜昌和宜都之间，紧靠着江边的一个地方的高阶地，发现了密集分布的细小玛瑙。可是却都是棱角分明的碎块，不是浑圆的卵石，与雨花台的雨花石外观完全不一样，毫无收藏价值。

这是怎么一回事？可能这里靠近附近西陵峡内的黄陵背斜，有古老的变质岩出露，不排除这就是南京雨花石的来源。但这也可能是一个巧合，并不是雨花石的真正来源。

顺着长江再往上游追索，在金沙江出口的四川宜宾一带，发现了同样的玛瑙砾石。它的上源川西高原，就是"世界屋脊"青藏高原的东部边缘。我初步认为这才是雨花石的真正来源地。

为什么沿江许多地方，一直到金沙江也能找到雨花石？这表明它的真正来源地是长江上游的青藏高原东部，那里的地质情况应该非常复杂，分布着大面积的古老变质岩。那里才是"雨花石链"

的"起点站"，南京雨花台只不过是接近"终点站"的一个地方而已。

朋友们，让我们从南京开步走，顺着长江去寻找更多、更美的雨花石吧。

小卡片

玛 瑙

玛瑙是玉髓类矿物的一种，化学式是SiO_2。它呈蜡样光泽，半透明至透明。贝壳状断口。摩氏硬度为7。有红、白、黄、蓝、黑、紫、绿、灰、褐等多种颜色。花纹美丽，常常作为装饰品和观赏石。

有条带状纹理的玛瑙

你知道吗？

六 合

与南京中心城区隔着长江相望的六合，也是雨花石的产地，其品质一点也不比雨花台差。这里有一座方山，这是一座罕见的平顶山，还是一座死火山呢。

第九章

克拉的来历

钻石的重量用克拉来计算。克拉是怎么来的，没准儿很多人都不知道。

传说在南欧巴尔干半岛的地中海边，有一天一个渔夫打鱼回来，走过又平又浅的海滩，一阵阵潮水哗啦哗啦冲上来又退下去，带来许多贝壳和小砾石。这样平常的景象，他已经看过千遍万遍，丝毫也不在意。

他踩着海水浸泡的沙滩，漫不经心往前走，忽然眼前闪烁过一点小小的亮光，引起他的注意。低头一看，原来是一颗晶莹透亮的小石子，不知道是从哪儿冲来的。他好奇地拾起来，放进口袋带回家。

回到家里，孩子们瞧见也觉得很稀奇。旁边的人七嘴八舌，各有各的说法。有人猜："莫非是一颗宝石？"

渔夫心里想：是啊，我在海边见过数不清的石子，但没有见过这样漂亮的，它到底是什么东西呢？如果真是宝石，可就发财啦！

过了几天，他把石子带进城交给一个有经验的宝石商验看。那位宝石商戴上眼镜仔细观瞧，不禁脱口而出道："哎呀！你拾到的是一颗钻石呀！"

渔夫还不太明白钻石和宝石有什么差别。瞧宝石商这样激动，他这才知道无意中拾到的这颗小石子，比一般的宝石金贵得多。是呀，海里许多种类的鱼，同样都是鱼儿，拿到市场上卖的价格却不一样。钻石与亮晶晶的宝石等级不同，必定也是一样的道理。

宝石商鉴定完了，就和渔夫商量，能不能卖给自己。不消说，他出的价格远远比渔夫想象中的高得多，渔夫十分痛快地答应了。

交易谈妥后，宝石商要称一下这颗钻石的重量。渔夫站在旁边，兴致盎然地看他怎么称这颗小小的钻石。

成熟角豆

宝石商搬出天平，拿出一些角豆树的种子作为砝码。把钻石放在一边的盘子里，角豆树的种子放进另一边盘子，一粒一粒添加。当他放到 85 粒的时候，天平两边平衡了。

宝石商看清楚了，就告诉渔夫："这颗钻石有 85 克拉。"

渔夫不明白什么叫克拉。

宝石商告诉他："克拉是希腊文，就是豆粒的意思。1 克拉，就是一颗豆粒。"

渔夫还不明白，为什么用角豆树的种子作为砝码，而不用通常的砝码呢？

宝石商解释说："钻石太小了，必须称得准确，用通常的金属砝码怎么行？"

渔夫还有些不明白，世界上的树木种子有很多，为什么不用别的种子，只用角豆树的种子？

宝石商说："角豆树又叫洋槐树，它的种子比别的种子均匀，每一颗几乎大小相同、重量一样，用来做称钻石的砝码最好了。"

噢，渔夫终于明白了。宝石商说这颗钻石有 85 克拉重，就是有 85 粒角豆树种子那么重的意思。

这个故事讲完了，渔夫明白了。你也明白了吗？

说到这里，人们不免会有一些疑问。角豆树种子真的统统是一样大小、一样重吗？那才不见得呢。

人们称重量有不同的等级，称宝石也一样吗？

说得对，古时候用角豆树的种子做称重量的砝码，的确有些问题。可是"克拉"这个名词已经在宝石行业里用惯了，要改也很麻烦。到了 1907 年，世界珠宝行业终于取得了统一的标准，人们干脆规定，1 克拉 = 200 毫克 = 0.2 克。有了这样的科学标准，钻石重量的计算就准确得多了。

后来人们继续划分，又分出了潘特作为计算钻石重量次一级的等级。潘特又叫分，1 克拉 = 100 潘特 = 0.2 克。

这个故事讲完了，再讲一个和宝石性质有关的小故事。

据说，犹太人在荒漠上建造圣殿的时候，上帝命令他们制作一套法衣，在四四方方的胸牌上镶嵌 12 块宝石，排列成四行。第一行是红宝石、红碧玺、红玉，第二行是绿宝石、蓝宝石、金刚石，第三行是紫玛瑙、白玛瑙、紫晶，第四行是水苍玉、红玛瑙、碧玉。这些宝石都要刻上以色列 12 个部落的名字。这件事在《圣经·出埃及记》里讲得清清楚楚，人们不得不严格遵守。

早期的基督教僧侣们全都遵守这个规定，在法衣上缀上 12 块不同的宝石。这些宝石往后逐渐演变为民间流行的诞生石，也有一定的排列顺序。

关于诞生石，还有一个传说。据说这是东方民族发明的，与伊斯兰教规定的 12 个部族、12 个天使、12 个先知有关。后来在十字军东征的时候，将这种说法带回了欧洲，在欧洲流传盛行后又传回东方，整个世界都流行开来。

话虽然这样说，从前在不同的民族，诞生石的规定也不一样。后来经过了很长时间，才慢慢统一。

现在人们共同认可的诞生石，按照 12 个月的顺序排列如下：

表 2　12 块诞生石及其意义

月　份	代表石	代表意义
一月	石榴石	忠实
二月	紫水晶	诚实
三月	蓝玉	爱情
四月	钻石	清净
五月	绿玉	幸福
六月	珍珠	健康
七月	红玉	热情
八月	赤缟	和合
九月	青玉	贤明
十月	蛋白石	忍耐
十一月	黄玉	友情
十二月	青绿色石	成功

有的国家还规定了每个季度、每周，甚至每个小时的诞生石。例如春、夏、秋、冬，依次是祖母绿、红宝石、蓝宝石、钻石。

每周顺序是：黄玉、珍珠、红宝石、紫水晶、蓝宝石、祖母绿、绿松石。

12 星座诞生石是：

表3　12 星座对应的诞生石

星　座	对应石种
白羊座	钻石
金牛座	蓝宝石
双子座	玛瑙
巨蟹座	珍珠
狮子座	红宝石
处女座	红条纹玛瑙
天秤座	蓝宝石
天蝎座	猫眼石
射手座	黄宝石
摩羯座	土耳其玉
水瓶座	紫水晶
双鱼座	月长石、血石

金刚石和钻石

　　金刚石是一种天然矿物，是钻石的原石，是在地球深处高温、高压条件下形成的一种由碳元素组成的单质晶体。

　　经过琢磨的金刚石就是钻石，号称"宝石之王"。因为钻石晶莹剔透、璀璨夺目和坚硬无比，所以称得上世界上最珍贵的宝石。古希腊称之为"Adamas"，意思是不可征服、不可毁灭，具有永恒的意义。

钻石

你知道吗?

钻石的"4C"标准

评价钻石质量标准有四个，包括重量／克拉数（Carat）、色泽（Colour）、洁净度（Clarity）、切割水平（Cut）等。因为这四个单词的第一个字母都是 C，所以叫作"4C"标准。

小卡片

钻石的分类

根据颜色，钻石可以分为无色透明的净水钻以及红钻、金钻、绿钻、蓝钻、紫钻、黑钻等七种。其中色彩艳丽的统称为"艳钻"，用来与净水钻相区别。

第十章
马帮带来的翡翠

啊，翡翠。

哦，美丽的宝石。

翡翠到底有多么美丽？请看几句古诗吧。

一首唐诗中这样描写道：

> 舞衣叠翡翠，
>
> 海月挂珊瑚。

另一首诗描写道：

> 百宝镜轮金翡翠，
>
> 五云丝网玉蜘蛛。

瞧，把翡翠和珍贵的珊瑚、丝、玉相比，可见它有多么美丽啊！

翡翠是玉的一种，说得更加具体些，是一种特殊的硬玉。因为它的主要色调是绿的，所以又叫翠玉。在人们嘴里，它还有一个名字，叫作缅甸玉。

为什么叫这个名字？因为它最早的原产地就在缅甸北部的群山中，那里是世界上最早发现翡翠的地方。传说第一块翡翠，就是从缅甸带到中国来的。缅甸的翡翠产量占全世界的一半以上。

关于它的来历，有许多古老的传说。

请听下边一个神奇的故事。

据说，有一队从缅甸运盐回国的马帮，走在半路上，马背上两边的箩筐失去了平衡。赶马的马夫就顺手在路边捡起一块石头，放进一边的箩筐里。回家卸下了盐，这块石头就被留在马圈中，压根儿就没有人注意它。想不到这块石头被马蹄踩来踏去，外面的皮壳慢慢磨掉，露出了里面色彩鲜艳的绿色翡翠。人们惊呆了，做梦也想不到竟无意中带回来一块宝贝。

在缅甸，也有一个关于翡翠的奇特传说。根据历史记载，公元 1215 年，有一个土司在过河的时候，无意中瞧见河滩上有一个奇怪的石头，外形很像一个鼓，土司认为是一个好兆头，就在这儿修了一座城市，取名为勐拱，就是"鼓城"的意思。

群山环绕的勐拱，就这样走进了人们的视线。如今勐拱已经成为"翡翠"的代名词，是翡翠重要的集散地。喜爱这种绿宝石的人们，从四面八方赶到这儿来，寻找它的踪迹。

啊，翡翠！

啊，五光十色的宝石！

咦，不是说它是绿的吗？怎么又是五光十色了？

翡翠不是简单的绿宝石，它的色调变化无穷。红橙黄绿青蓝紫，几乎什么颜色都具备。拿最主要的绿色来说，细分就有好几十种，真是美丽极了。请听它的一些品种的名字，红翡、墨翠、黄棕翡、干青种、蓝花冰翡翠、紫罗兰翡翠、白底青翡翠、花青翡翠、油青翡翠、芙蓉种翡翠、藕粉种翡翠，真是丰富多彩。在缅甸有一个品种，干脆就叫作"情人的影子"，实在太让人心驰神往了，无数人为此痴迷，难怪它是人见人爱最珍贵的宝石。

你知道吗？

翡翠鸟

"翡翠"这个名字是怎么来的？有人说，是因一种鸟儿得名的。

翡翠鸟生活在南方的热带丛林里，毛色非常美丽，有蓝、绿、红、棕等多种颜色。唐代诗人陈子昂的"翡翠巢南海，雌雄株树林"，就说明了它的来历。

请看南唐词人冯延巳在一首词中对它的描写——"池塘水冷鸳鸯起，帘幕烟寒翡翠来"，多么美丽啊！它完全配得上"翡翠"这个名字。

翡翠鸟

第十一章
祖母绿宝石的故事

请听，这是一个关于祖母绿的真实故事。

祖母绿是什么？就是一种特别珍贵的绿宝石。它的名字来源于古波斯语的译音，原意是"绿石头"。它呈现透明的翠绿色，显得特别高贵美丽。

在西方，祖母绿是献给代表爱与美的女神维纳斯的礼物，现在则被当作五月诞生石。

传说，维纳斯非常喜欢这种特殊的绿宝石，赋予它考验爱情忠贞的魔力。当时有一首诗歌这样描写："祖母绿就像女神一样楚楚动人。它能考验年轻恋人的爱情是否忠诚。如果忠贞如一，它就会翠碧如春。恋人如果变心，树叶就会凋零，它也会发暗。"

古代以色列国的所罗门王对美丽的苏拉米发说："爱人啊，你要把这个祖母绿戒指常常戴在手上。因为祖母绿是我心爱的宝石。祖母绿碧绿、纯洁，柔和、悦目，像春天的嫩草。如果你多看它一会儿，你的心情就会愉悦。如果你一早看见它，那么你整天都会觉得轻松愉快。到了晚上，亲爱的，我还要把它挂在你的床头。

祖母绿

它能驱散你的噩梦，平复你的心情，涤除你的烦恼。谁要是随身带着祖母绿，毒虫和蝎子都会远远躲开他。"

南美洲西北部安第斯山，特别是哥伦比亚境内，是祖母绿主要的产地，那里的产量大约占世界总产量的80%。其中一种最珍贵的品种，其中心放射出六根太阳光线似的线条，组成一个星状图案。当地人认为这是神的特别恩赐，每一根线条都蕴含一种美好的祝福，将会给人带来健康、财富、爱情、幸运、智慧、快乐。

生活在这儿的印第安人传说，在众山屏蔽和激流、瀑布封锁的内陆腹地里，存在着一个由"镀金人"统治的黄金国。那个神秘的国度，黄金和宝石不计其数，却无路可通。那儿盛产一种青翠如林中的嫩叶，光彩像孔雀翎毛般的祖母绿宝石，比黄金更加贵重，所以有人又把那里称作绿宝石国。白昼，太阳光在黄金表面闪耀，发出一片灿烂的金光，闪耀得人们睁不开眼睛；夜晚，祖母绿宝石在淡淡的月华下散发出暗淡的幽光，洗涤了人们的灵魂污垢，让心灵无限平静。

人们传说，这些闪光的绿宝石，是生命女神巴丘艾泪水的结晶，其中一颗如鸵鸟蛋大小，是最美丽的祖母绿宝石，也是巴丘艾女神本人的化身。创世之初，善良的巴丘艾女神带着一个小男孩，从圣湖伊瓜苏的湖波里升起。当她完成了繁殖人类的任务后，变成一条水蛇，又悄悄消失在湖水深处。所以人们便在湖边修建了一座祭祀她的神庙，把那颗价值连城的祖母绿宝石供奉在神龛上。

黄金和祖母绿吸引着贪婪的殖民者，他们组织了一支支"探险队"前往寻找。我们就在这里举出其中几个"探险家"的罪恶行动吧。

1529 年，意大利"探险家"安布诺泽·埃希根利，带领一支日耳曼雇佣军进入山中寻找"黄金国"。一路上洗劫村庄，严刑拷打印第安人，强迫他们交出所有的黄金制品。为了取下印第安人脖子上的黄金项圈，甚至砍断其脖子。他们沿途烧杀抢掠，用火在壮年男子身上烙上烙印，强迫他们当奴隶，安布诺泽·埃希根利得到"最残暴的人"这个不光彩的称号。雇佣军最后被愤怒的印第安人包围消灭，他也被活活打死。

1531 年，西班牙"探险家"迪亚科·奥尔达斯，领兵到达巴西的亚马孙河河口，劫掠了一个印第安人的村庄，得到一些绿宝石，后来打听到它的产地在南美洲西北部的山中。他顺着这条大河向内陆前进，不但没有找到绿宝石产地，反而翻了船。这个贪心的家伙不死心，又改变方向，沿着奥里诺科河逆水而上，结果被一系列瀑布挡住去路，不得不退回来。

1536 年，西班牙在南美洲西北部的驻军首领冈萨雷斯·恺撒达，领兵沿河进入山区寻找"黄金国"，一路烧杀劫掠，终于到达了一个富庶的地方。根据西班牙历史学家的记载，他的"行动如同闪电和水银一样"，抢光所有的金银宝石制品，烧光所有的房屋，使一切化为灰烬。1538 年，他在这里建立了一个城堡，命名为圣菲，这就是后来哥伦比亚的首都波哥大。由于他并没有找到真正的"黄金国"，后来又进行了许多次讨伐。印第安人宁愿死，也没有透露与此相关的内容。传说中的"黄金国"和神圣的巴丘艾女神，永远也没有被殖民者发现。

红宝石、蓝宝石、青金石、祖母绿、海蓝宝石

红宝石和蓝宝石都是刚玉，摩氏硬度为9，仅仅低于钻石。在印度语中，刚玉就是"坚硬"的意思。红宝石有许多品种，其中最贵重的是"鸽血红"，颜色鲜艳得好像鸽子血。因为出产在缅甸，所以又叫"缅甸红宝石"。

不管是红宝石还是蓝宝石，外观都非常美丽。有的加工后呈现一种特殊的星光效应，那就更加名贵了。

青金石也是一种蓝色的宝石，出产在阿富汗山区。古代意大利大旅行家马可·波罗，就是在这儿发现过它的踪迹。

祖母绿是绿柱石的一种，本色绿幽幽的，特别招人喜爱。据说著名的古埃及女王克莉奥帕特拉就特别喜欢这种宝石，总是佩戴着它，并把它作为美丽、财富和权力的象征。古罗马暴君尼罗，还专门磨制了一副祖母绿薄片眼镜呢，这可谓人世间最昂贵的太阳镜。

海蓝宝石也是绿柱石的一种，本色应该也是绿的，因为其中含有一种特殊的铁的成分，所以变成海水一样的美丽蓝色。

中间是海蓝宝石

第十二章
山东钻石奇闻

山东是我国出产钻石的省份，有许多发现钻石的趣闻。

抗日战争期间，山东省郯城县的李庄，有一个爱喝酒的光棍穷汉。由于家里没有老婆孩子，老是一个人跑到村里的小酒馆喝闷酒。他穷得叮当响，几乎揭不开锅，却爱酒如命，放不下酒杯，常常向酒馆老板赊酒喝。老板见着他就烦，却没有办法把他赶走。

有一天，他在酒馆里喝完了酒，醉醺醺地、东倒西歪地走回家，一不小心跌进路边的水沟里，全身弄得湿淋淋的。他好不容易爬起来，昏昏沉沉走回家，换下湿衣服，再脱下沾满泥的草鞋，忽然，一个亮晶晶的东西从鞋底滚了下来。

咦，这是什么东西？

他拿起来在油灯下一看，大约有一颗花生米大小，好像是一颗小石子。

他正要扔掉，低头再一看，发现它有一点奇怪的亮光。

啊，这是怎么一回事？

他急忙拭掉小石子表面的泥土仔细瞧，立刻不相信自己的眼睛了。

哇，想不到这不是普通的小石子，而是一颗有棱有角、周围有 12 个晶面、晶莹闪亮的钻石呀！

瞧着手中的钻石，这个醉汉已经完全酒醒了，认为这是救苦救难的观世音菩萨赏赐给他的礼物，不由得心花怒放，高兴得手舞足蹈。他再也不想睡觉了，连忙用红纸小心包好揣进怀里，兴冲冲重新走回酒馆，大声对老板喊道："快给我拿酒来！"

老板见他又回来了，十分讨厌，恶声恶气地回答说："你已经喝了那么多，还喝什么？要喝酒，先把以前的酒债付清了再说吧。"

那个穷汉一听，从怀里掏出红纸包裹的钻石，"啪"的一下放在桌子上，摆出财大气粗的样子，叫嚷道："你睁开眼睛看一下吧。这颗钻石值多少钱？如果我高兴，把你这个破酒馆也能买下来。"

钻石

老板凑过来一看，简直不相信自己的眼睛了，想不到这个欠了一屁股酒债的穷光棍，怎么刚刚出去一会儿，就像变戏法似的弄来一颗大钻石。现在他是有钱的富爷了，老板不敢怠慢，连忙赔着笑脸送上一瓶又一瓶酒，喝得他晕乎乎的，好像整个天地都在他的面前旋转。

第二天消息传出去，整个村子都沸腾了。消息很快就传到伪村长耳朵里，他一下子起了坏心眼儿。他连忙派几个狗腿子，把这个拾到钻石的穷汉抓进村公所，逼着他交出那颗钻石。穷汉当然不肯，伪村长就指使狗腿子们把他吊在屋梁上一阵毒打。他被打得死去活来，最后只好忍痛交出了钻石。

伪村长最后占有这颗钻石了吗？

不，他也没有好结果。县城里的日本鬼子很快就知道了，又把那个伪村长抓去，命令他立刻交出来。伪村长是要钱不要命的家伙，不管日本鬼子怎么打，也不肯拿出来。日本鬼子光火了，放出狼狗活活咬死了他。那颗钻石最后落入万恶的日本鬼子手里。

还有一个故事发生在 1977 年 12 月 21 日，山东省临沭县岌山镇常林村农民魏振芳在田里松土的时候，突然挖出一颗大钻石，重 158.768 克拉，长 17.3 毫米，比重 3.52，颜色呈淡黄色，是八面体和菱形十二面体的晶体聚合形态，纯净透明得像水晶似的。她觉得这是一个宝物，就把它交给了国家。专家一看，可了不得，这是到当时为止，在我国发现的第二颗超过 100 克拉的宝石级天然大钻石。根据发现地点常林村将它命名为"常林钻石"，成为我国的国宝。

像这样发生在山东的钻石奇闻还有许多，你们也可以自己找找看。

我国钻石概况

　　我国的钻石主要产于山东、辽宁、湖南等省，已经在 16 个省区发现了钻石。已探明的钻石储量和目前产量均居世界第 10 位左右。

我国十大钻石

　　1. 白毫钻石。重约 595 克拉，产地不详，现在被保存在西藏日喀则，镶嵌在扎什伦布寺大铜佛的额头。

　　2. 金鸡钻石。1937 年在山东省郯城县李庄乡，由一个名叫罗振邦的农民发现，据传其重 281.25 克拉。因外形酷似一只刚出壳的小鸡而得名，又有人说因发现于金鸡岭而得名。抗日战争期间被驻扎在临沂县（今临沂市）的日军掠走，至今下落不明。

　　3. 常林钻石。1977 年发现。

　　4. 陈埠 1 号钻石。1981 年在山东省临沂县陈埠矿区砂矿开采过程中发现，西距常林钻石出土地点 4000 米，重 124.27 克拉。

　　5. 蒙山 1 号钻石。1983 年在山东省蒙阴县王村矿区原矿开采过程中发现，重 119.01 克拉。

　　6. 陈埠 2 号钻石。1982 年在山东省临沂县陈埠矿区发现，重 96.94 克拉。

7. 陈埠 3 号钻石。1983 年在山东省临沂县陈埠矿区砂矿开采过程中发现，重 92.86 克拉。

8. 蒙山 2 号钻石。1991 年 5 月 30 日在蒙山 1 号钻石发现地点附近原矿开采过程中发现，重 65.57 克拉。

9. 岚崮 1 号钻石。1991 年 5 月 18 日在辽宁省瓦房店矿区选矿过程中发现，重 60.15 克拉。

10. 江苏 1 号钻石。1971 年一个拾柴的农民在新沂至宿迁的公路边拾到，重 52.714 克拉。

第十三章
金牛山的"鬼火"

　　湖南省石门县的金牛山有一个奇怪的现象——每到晚上，山上就会显现出星星点点的奇异绿光，闪闪烁烁，几乎布满整个山头。胆小的人远远看见，以为是鬼魂出现，被吓得不敢从这里走过，所以这座山自古以来就是有名的"鬼火山"。也有人说，这不是鬼火，是山里的金牛出来喝水，那些闪烁不定的绿色亮光，是它身上的金子在闪光。不管是"鬼火"，还是"金牛"身上发出的亮光，都有异常神秘的气息。

　　哈哈，世间根本就没有鬼，哪来什么"鬼火"？

　　这儿的"鬼火"到底是怎么一回事？迷信需要科学来破解——原来是磷发出的绿光。

　　磷是化学元素中的易燃物质，在还原性条件下很容易生成磷化氢。这种气体在常温条件下就会自行燃烧，虽然白天看不见，晚上常常就会显现出来，发出微弱的绿色亮光。人和动物骨骼里含有磷，死后尸体腐烂了，也能生成磷化氢。因为这种现象常常在墓地出现，所以就被迷信的人们当成"鬼火"了。

地质队员说，磷灰石也能玩出这样的恶作剧。

磷灰石是一种矿物，主要成分是磷酸钙，是制造磷肥的重要原料，还能够用来制造玻璃、瓷器等。它在紫外线、阴极射线照射下，或者遇热以后能发光，光亮与萤火虫发出的光类似。疑神疑鬼的人们在黑暗中看见，没准儿也会把它当成阴魂不散的"鬼火"。

大胆走过去吧，一点也不用害怕。

关于磷这个元素，还有离奇的故事呢。

欧洲中世纪的炼金士们，有许多古里古怪的想法，他们总想制造出一些非凡的玩意儿，异想天开炼金出尽了洋相，制造什么有生命的"哲人石"就是一出闹剧。

1669年，德国汉堡有一个叫布兰德的炼金士，他把尿放在烧杯里蒸发干，留下一些渣滓，再继续加热，结果意外发现了磷光。他认为这就是"哲人石"的一种，把这种可以发出冷光的物质叫作磷。磷这个元素就这样意外被发现了。在古希腊文里，"磷"这个字，就是"带有光"的意思。

炼金士们继续研究这种可以发光的"哲人石"。他们发现，它来自人的骨骼，可以发出绿莹莹的神秘亮光。他们认为这是"生命和思想的元素"，想进一步探察它的秘密。在此期间，一个实验室意外爆炸，人们由此知道了磷还有易爆这种性质。后来一位化学家还发现了它对促进植物生长的重要作用，把它引进到农业生产中，发明了有用的磷肥。

来自巴西的蓝绿色磷灰石宝石

磷灰石的用途

磷是促进农作物生长的一种重要元素。磷灰石磨成磷矿粉，可以作为改良酸性土壤的肥料。磷肥对农作物的增产起着重要作用。磷灰石还能作为化工原料，在化工、轻工、国防等领域有很大的用处。

你知道吗？

鸟粪石

你可知道，鸟粪也是很好的肥料。我国南海东部的东沙岛，是南来北往的候鸟落脚点。加上岛上植物十分茂密，是鸟儿觅食栖息的好地方。另外，珊瑚礁附近鱼儿多，也招引来一群群吃鱼的海鸟。科学家报告说，这儿有140多种鸟，它们叽叽喳喳居住在一起，自然就成为一座"鸟岛"。

不消说，这个岛上积累的鸟粪很多。日积月累有好几米厚，形成了一种特殊的资源。这种鸟粪含有丰富的磷酸盐和别的成分，是难得的优质肥料和制药的原料。不久前在这儿发现的一块鸟粪石，就是最好的证据。可惜在第二次世界大战期间日本强盗侵略中国的时候，这里也被抢掠开采，侵略者欠下了一笔特殊的鸟粪债。

第十四章
不是土的高岭土

啊，高岭土，创造历史文明的元素。

为什么这样说？

因为它就是制造瓷器的原料，大名鼎鼎的陶土呀！

瓷器，china。这是咱们中国的一张名片，"海上丝绸之路"将它从古老的东方运送到四面八方，从

元代釉下景德镇大磁盘

而声名远播。古往今来，谁不知晓，谁不喜爱？

高岭土为什么叫这个名字？

因为世界上制造瓷器最好的原料土，就出产在江西景德镇的高岭村。这是一个以产地命名的专有名字。

在人们口中，高岭土还有许多名字，它又叫观音土、白鳝泥、膨土岩、斑脱石，或者干脆就叫作陶土。

噢，观音土。从前在有灾害的年头，人们实在找不着吃的东西，就挖一些观音土，也能暂时填饱肚皮，认为这是救苦救难观世音菩萨恩赐的代食品。但实际上吃下它，肚皮里胀得很难受，不到饿得实在没有办法，也不会咽下去。

高岭土是一种土吗？

不，高岭土不是土，而是一种矿物。这是一种非金属矿产，和云母、石英、碳酸钙并称为四大非金属矿，它是制造陶瓷的主要原料。

高岭土

仔细分析它的组成，其中主要包括高岭石、水云母、伊利石、蒙脱石，还有一些石英和长石，成分非常复杂呢。

高岭土是什么样子？

这是一种白色的软泥，质地非常松软，颗粒非常细腻，好像面粉似的。

除了制造瓷器，高岭土还有什么用处？

它的用途可广泛啦！除了陶瓷工业，还能用在纸张、耐火材料的制造上。此外，在涂料、橡胶填料、搪瓷釉料、白水泥原料领域也有很重要的作用，还可用于制造塑料、油漆、颜料、砂轮、化妆品、肥皂、农药等。

第十五章

猫眼石的秘密

　　猫眼石是一种稀罕的宝石。有一本名为《三垣笔记》的古书说，在明朝皇帝举行喜庆活动的时候，"礼冠需猫眼"，可见它多么珍贵，也多么重要。

　　另一本叫《格古要论》的古书说："猫眼石产南蕃，色如酒。中有一道白线如猫睛者为佳品。混浊者，青色者，则不足奇矣。"南蕃就是今天的斯里兰卡，是猫眼石的主要产地。

　　猫眼石是怎么一回事？请听，这儿有两个有趣的故事。

　　一个故事来自斯里兰卡。据说从前这里有一个养猫的老人，特别喜爱猫，猫死后就把它埋在山上。有一天他梦见自己的爱猫复活了，高兴得要命，连忙刨开猫的坟墓。想不到猫的尸体已经没有了，只留下两颗亮晶晶的眼珠，中间有一条白色的光带，这就是猫眼石了。

　　另一个故事来自印度。说的是这里的一座神庙里，有一尊奇怪的神像，神像的眼睛眯成一条细细的缝隙，就像是中午时刻猫的瞳孔似的，眼珠随着光的来源而移动，真是神奇极了。石雕的菩萨没有生命，眼珠怎么会动来动去呢？人们认为是菩萨显灵，于是对其顶礼膜拜，崇拜得不得了，这个奇异的现象也就慢慢传播开了。

真是神灵的作用吗？有人不相信。仔细观察后，这才看清楚——原来神像的眼珠是两颗奇异的宝石。这是一种宝石的特殊光学现象。有的宝石在外界光线照射的时候，表面会出现一条很细很窄很明亮的反光。原来这是因为在它的结晶形成过程中，有一些非常细小的针状物质留在晶体内，形成一种特殊的包裹体。当外界强光照射的时候，就会出现一条和包裹体排列方向垂直的亮光，这就是"猫眼闪光"了。

猫眼石也有假的。有一些矿石也有不明显的猫眼效应，表面也有一条光带，但是很不清晰，不能随着光源来回移动。这都不是真正的猫眼石。更加使人气愤的是一些不法商人，用玻璃大批制造出一种仿猫眼的小珠子，冒充珍贵的猫眼石，在一些旅游景点高价出售，欺骗来往的游客。我的一个中学老同学，兴致勃勃到一个著名景点旅游，就稀里糊涂上了当。多亏他拿出来让我鉴定一下，他连忙返回退货，才避免了损失，大家可要小心啊！

欧泊的故事

据说，在古罗马时代，一个名叫诺尼乌斯的贵族有一颗珍奇的欧泊宝石。这宝石不仅颜色非常鲜艳，还能在阳光下变色，他喜爱得不得了。一传十，十传百，消息散播出去，大家都知道了这件事。后来，最高执政官安东尼得到了这个消息，要出钱买下来，或者用别的珠宝交换。诺尼乌斯不答应，安东尼就用流放来威胁他。

在这种情况下，换了别的人，必定低头屈服了。谁知，诺尼乌斯很倔强，表示就是被流放到天边，也不愿意放弃这颗欧泊宝石。虽然他遭受厄运，失去了一切，却将心爱的宝石带在身边，显示出了不屈不挠的精神。

由于这件事，欧泊宝石被当成了不吉利的象征。许多人爱它，却害怕它也给自己带来不幸的命运。

这个故事说明了什么？就是"匹夫无罪，怀璧其罪"嘛。这只能怨残暴的统治者，能责怪欧泊本身吗？

欧泊就是一种美丽的变彩蛋白石，因为有的是透明的，有的却像蛋白一样混混沌沌的，所以叫作这个名字。变彩的欧泊能够散发出五颜六色的闪光，和猫眼石、萤石一样，也是会发光的宝石。

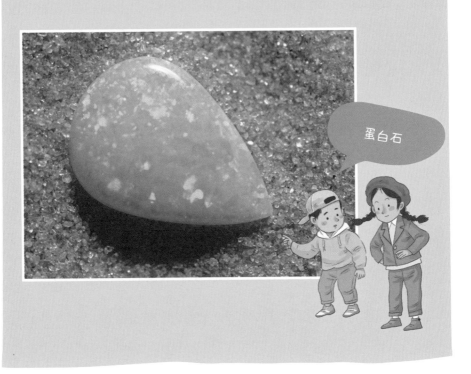

蛋白石

第十六章
和氏璧的传奇

据说，在春秋时期，楚国有一个叫卞和的雕琢玉匠。他在荆山（位于湖北省襄阳市南漳县内）得到一块璞玉，高高兴兴捧着去献给楚厉王。楚厉王叫殿前的玉工看看有没有价值。玉工说这只是一块普通的石头，没有一点用处。楚厉王大怒，认为卞和欺哄自己，犯了欺君的大罪，砍下了他的左脚。

楚厉王死了，他的儿子武王即位，卞和又带着这块璞玉去见武王。武王又让玉工先看看。玉工还是一口咬定，说是一块没有用的石头。他又失去了右脚。不久武王死了，文王上了台，卞和抱着这块璞玉在山下痛哭了三天三夜，眼泪都流干了，最后流出来的全是殷红的鲜血。

文王听说了这件事，派人问他为什么哭。

卞和说："我并不是为自己被砍去了双脚而伤心，而是哭这样好的宝玉，却被当成了石头。我一向忠心耿耿，竟被当成了欺君的小人。我本没有罪，却遭受这样严厉的刑罚和侮辱。"

文王觉得他说的是真话，叫人剖开这块石头，看看里面到底是什么东西。想不到剖开难看的外壳，里面真的是稀世的宝玉。就取名为"和氏璧"，大大表彰了他。

这么宝贵的和氏璧，后来到哪儿去了？

不知怎么的，它在楚国丢失了。又不知怎么一回事，在战国时期落到北方的赵惠文王手中。赵惠文王真心喜欢，觉得自己的运气真好。这事被西方的秦昭王知道了，就派使者对赵王说，愿意用十五座城池来换这块玉。

赵惠文王收到信，心里十分焦急。他知道秦昭王没有安好心，绝对不会用十五座城池来换和氏璧。可是秦国比赵国强大，他又不敢拒绝秦昭王，弄不好，还会成为秦国派兵进攻的导火索。他想来想去不知道该怎么办才好，手下的幕僚们也是一筹莫展。

正在焦急的时候，一个叫蔺相如的大臣站出来，对他说："让我带着这块玉去走一趟吧。我会见机行事。如果秦王没有诚心，不肯用十五座城池来交换，我一定把它完完整整带回来。"

赵王见他说得恳切，又实在没有别的办法，只好就让他去了。

蔺相如到了秦国，秦王非常高兴，亲自在王宫里接见了他。蔺相如双手把和氏璧献给他，秦王接过来看了又看，心里很喜欢。自己看完了，又让身边的大臣们一个一个传看，还要派人送到后宫给妃子们欣赏，压根儿就不提用十五座城池交换的事情。

蔺相如知道他不想做这个买卖，就不动声色对秦王说："这块玉虽然很好，却还有一点毛病，让我指给您看吧。"

秦王不知道这是蔺相如的计策，就把和氏璧交还了他，眼巴巴望着他，想看有什么问题。

蔺相如接过来，退后一步紧紧靠着一根柱子说："当初大王派人来说，愿意用十五座城换这块玉石，大家都不相信。可是我却不这样想，相信大王是真心真意的，赵王这才勉强派我把它送来。想不到大王接过去，再也不提交换的事情了，看来真的没有诚意。现在它在我的手里，如果大王硬要逼迫我，我情愿把自己的脑袋和它一起撞碎在这根柱子上。"

说着，他就举起和氏璧，做出要碰撞的样子。秦王没辙了，又不敢命令武士去抢，担心蔺相如真的会把这个稀世珍宝撞碎，连忙表示对不起，假惺惺拿出地图，表示要把十五座城给赵国。

蔺相如没有上当，对秦王说："这是非常珍贵的宝物。赵王送来的时候，专门斋戒了五天，还举行了盛大的仪式。大王现在要接受它，也得斋戒五天，举行同样的仪式才成。"

眼看蔺相如的态度这样坚决，秦王只好同意了，送他回驿馆休息。想不到蔺相如悄悄派人带着和氏璧，偷偷跑回了赵国。秦王发现后，后悔也来不及了，杀了他也没有用，只好放他回国。蔺相如就这样取得了胜利，上演了一出"完璧归赵"的精彩好戏。这件事记载在司马迁写的《史记》中，蔺相如也留下了千古美名。

小知识

软玉和硬玉

软玉和硬玉的区别，主要是硬度。翡翠就是硬玉的一种；软玉的范畴很广泛，常见的白玉，包括和田玉、岫玉、独山玉、蓝田玉等都是软玉。

一块尚未加工的蓝田玉

第十七章
葡萄美酒夜光杯

请看，唐代边塞诗人王翰的一首《凉州词》：

> 葡萄美酒夜光杯，
> 欲饮琵琶马上催。
> 醉卧沙场君莫笑，
> 古来征战几人回。

啊，夜幕降临的时刻，天上高高挂着一钩新月，夜空布满灿烂的星星。擎起一个晶莹闪亮的酒杯，盛满了香喷喷的葡萄酒，面对空旷的天地一饮而尽，这该是多么壮美的场景，真是酒不醉人人自醉。

读了这首诗，人们不禁会问："世界上真有夜光杯吗？"

有呀！西汉时期博学多才的东方朔在《海内十洲记》中的《凤麟洲》记载："周穆王时，西胡献昆吾割玉刀及夜光常满杯。刀长一尺，杯受三升。刀切玉如切泥，杯是白玉之精，光明夜照。"

这个"夜光常满杯"，就是夜光杯。由此可见，早在两千多年前，就有这个东西了。

夜光杯是用什么原料做的，为什么会发光？这里有一个古老的民间传说。

据说，酒泉城下的泉水中，飘散着一股浓浓的酒香，黄昏时分香气特别浓郁。天上的南斗星君和北斗星君闻着了，忍不住按低云头，落在泉边一棵大柳树旁。这时候，天色已经晚了，南斗星君顺手捡起两块石头，吹了一口仙气，变成两个酒杯，二人边饮酒边下棋。虽然空中没有月光，但是借着酒杯发出的亮光，棋盘还能看得清清楚楚。这两只奇异的酒杯，就是流传千古的夜光杯。

夜光杯真是这样来的吗？当然不是。

有人说，这是用夜明珠一样的东西做的，当然就会发光了。

有人说，这个杯子自己不会发光。因为里面装满了酒，在灯光和月光映照下，酒杯轻轻晃动，就会生成闪烁的光影效应。

真实情况是，河西走廊西头的酒泉，出产一种墨绿色夹着一些淡黄和黄白色条纹的玉石，叫作酒泉玉。用这种磨得很薄很薄的玉石做成的酒杯，透明度很好，容易产生特殊的夜光现象。

酒泉距离西域不远，正是古代战争时期军队经常来往的地方。人们认为，古时候的夜光杯，就是这儿出产的。诗人就是在这儿喝了夜光杯里的葡萄美酒，兴味盎然写下了这首诗。从这首诗可以知道，至少在唐代就有夜光杯了。葡萄美酒产于凉州（今天的武威），夜光杯产于肃州（今天的酒泉），由于有夜光杯，葡萄美酒更加出名；也因为有了葡萄美酒，夜光杯的名声更加远扬。二者相得益彰。不消说，王翰那首《凉州词》起到了更大的宣传作用，夜光杯的美名从此流传千秋。

羊脂玉

夜光杯到底是用什么材料制造的？古人的说法各不相同。

一种说法是，夜光杯也曾用羊脂玉作为原料制作，十分珍贵。新疆和田最好的白玉，就是这种羊脂玉，可算是和田玉中的精品。当地人常常趁着月光在河床里寻找。只要瞧着月光下闪闪发光的，那就是它了。

和田羊脂白玉雕刻件

你知道吗？

切玉刀

切玉刀是古代传说中的一种宝刀。晋代张华写的《博物志》说："《周书》曰：'西域献火浣布，昆吾氏献切玉刀。火浣布污，烧之则洁，刀切玉如腊。'"表明这种刀可以切削坚硬的玉石。

陆游诗中说的"打球骏马千金买，切玉名刀万里来"，也证明古时候真有这种削玉如泥的刀。

切玉刀到底是用什么材料制成的？可以从玉石的硬度来推测。

玉石可以分为硬玉和软玉两种。硬玉的硬度达到摩氏 6.75~7.0；软玉硬度为摩氏 6.0~6.5。切玉刀至少也得比软玉硬些才行。

根据摩氏硬度表，就只有硬度较大的金刚石、刚玉、黄玉、石英才能切削玉石。前面《博物志》引用《周书》说，这种刀切玉好像切腊一样，腊是干肉，一般的菜刀切着非常方便。常见的石英硬度只比玉石大一级，非得用它切玉石，就只能像锯子一样使劲锯来锯去，不可能像切肉那么方便。如果古时候真有这种切玉刀，那就只可能是非常稀罕的金刚石、刚玉、黄玉了。从《周书》来看，这是昆吾氏献的，所以又叫昆吾刀。昆吾氏最先居住在今天的山西安邑一带，后来才迁移到河南的濮阳、许昌等地。安邑在中条山中，曾经是古代夏朝最早的都城。这儿蕴藏着丰富的矿产，是我国最古老、最重要的铜矿基地。三四千年前中原夏商时期青铜文明的诞生，就和这儿紧密相关。

中条山铜矿是古老的元古代变质岩层状铜矿床。铜产在远古白云岩、大理岩、片麻岩中，顺着一层层产出。矿体有层状、似层状、透镜状等形式。在这种情况下，含有许多共生的其他矿物。发现一些比玉石坚硬的矿物，完全可以理解，很可能这就是传说中切玉刀的来历了。说白了，就和现在普遍使用的切玻璃刀是一回事。现在市场上卖的切玻璃刀是用硬质合金做成的。古时候没有这样的技术，没准儿这就是某种比玉石硬一些的珍贵矿物吧。

根据记载，秦始皇时期，"西胡"也献过切玉刀。"西胡"在今天的新疆一带，山中出产坚硬的矿物就更不是稀奇事情了。

第十八章
神奇的"火浣衣"

据说，周穆王征伐西戎的时候，得到一种奇怪的火浣布。这种布脏了不用水洗，只需放进火里烧一下，拿出来轻轻一抖，转眼就干干净净了。

东汉末年，有一个叫梁冀的大将军独掌朝政 20 年，非常骄奢横暴。有一次，他为了显示自己多么富有，拥有众多奇异的珍宝，专门举行了一次盛大宴会。客人们瞧见他的装束和平时不一样，他穿的不是锦绣衣服，而是一件从来也没有见过的奇怪袍子，在那里得意扬扬地大宴宾客。宴会进行时，他故意和别人抢酒盅相互敬酒，客人失手洒了酒弄脏了衣服。

当客人诚惶诚恐道歉的时候，他一下子板着面孔生气说："我不要这件袍子了，把它烧了吧。"

说完这句话，他就顺手脱下衣服，丢进旁边熊熊燃烧的火盆里。客人们大惊失色，纷纷交头接耳地议论，担心这件衣服被烧坏。想不到这件衣服在火里不但没有被烧坏，反而发出耀眼的光芒，使围观的客人们更加吃惊。一会儿火熄了，旁边的仆人从火中挑出这件宝衣。只见它依然完好无损，光彩夺目，上面的油迹已被火"洗"得干干净净，简直像新的一样。客人们看得目瞪口呆，不知道这是什么神奇材料织的衣服。

原来这是特殊的火浣布，压根儿就不怕火烧。火烧得越旺，反倒"洗"得越干净，所以被叫作这个名字。梁冀家里有许多奇珍异宝，除了这件火浣布袍子，还有一把锋利的切玉刀，都是当时听也没有听说过的宝贝。

这件事传了出来，一直传到后来曹操的儿子曹丕的耳朵里。他自以为见多识广，不相信这件事，认为简直是荒诞。想不到过了不久，西域就进贡来了火浣布。他亲眼瞧见才相信了。

什么是火浣布？就是石棉呀！因为石棉被玷污后，不用水洗，只消用火一烧就洁白如新了，所以有"火浣布"或"火烷布"的称呼。

《列子》一书中就有一段记载："火浣之布，浣之必投于火。布则火色，垢则布色。出火而振之，皓然疑乎雪。"这话的大概意思是，清洗它就把它丢进火里，它一下子就被烧成了火红色，出火后轻轻一抖就干净了。

咱们中国是出产石棉的大国，老祖宗早就发现了它不同寻常的特性，使用这种材料的历史很久。根据记载，早在西周时期就已经能用石棉纤维制作织物了。《山海经》中也有火浣布的记载。马可·波罗访问中国的时候，也曾经瞧见用一种特殊的"矿物物质"，来制作防火服。

因为石棉有闪光的特性，所以古时候又有夜光木、无灰木、不灰木等名称。明代李时珍的《本草纲目》里介绍说，不灰木"其色白如烂木，烧之不燃，以此得名。或云滑石之根也"。

清代《燕都杂咏》中有一首咏石棉的诗：

滑石根如木，焚烧终不灰。

相传火浣布，即此夜光材。

我国是世界上最重要的石棉产地，石棉资源非常丰富，质量也特别好。四川省大渡河边有一个盛产石棉的地方，干脆就叫石棉县。那里的石棉不仅储量大，品质也特别优良。那里出产的石棉纤维有 1 米多长，远远超过英国伦敦大英博物馆里的展品，比别处的都优良，是当之无愧的石棉之乡。

与梁冀故意烧火浣布袍子、显摆自己类似的故事，在古希腊也出现过。据说当时有一位王公，大宴宾客后，把一块用石棉制的白色桌布扔进火里，却没有烧坏，客人感到非常惊奇。古埃及也曾经用石棉来制作法老们的裹尸布，可见许多文明古国都曾发现这样奇特的火浣布。

石棉

石 棉

　　石棉不是石头，而是一种特殊的硅酸盐矿物，分为蛇纹石石棉和角闪石石棉两大类。石棉能够耐热、隔热、保温、防火、绝缘、隔音、耐酸碱侵蚀，压根儿就不怕火烧。它的可纺纱性好，还有很高的机械强度。故事里说它经过火烧后，不仅不会烧坏，而且变得更加清洁光亮，丝毫也不夸张。仔细观察石棉，可发现和别的矿石不一样，它具有特殊的纤维状结构，可以劈裂成一条条纤细柔韧的纤维。用它纺织成的石棉衣服，可供给从事炼钢、焊接等高温作业的工人和消防队员使用。

　　由于有这些特殊功能，它还能被制作成石棉水泥板、石棉瓦、石棉水泥管等建筑材料。用石棉沥青可铺路，绝缘石棉纸可做电工材料，石棉绳、石棉垫片可做各种泵和发动机的密封衬垫材料，石棉隔膜布可用于制碱工业，还可以用石棉作为原料制成汽车的刹车片、离合器片，以及制冷设备、剧场银幕等。石棉和陶瓷纤维、碳纤维、尼龙纤维的复合材料是火箭、导弹的重要绝热密封材料。石棉各种各样的用途，一下子说也说不完。

　　家庭中也有石棉。一种家用灭火布，能耐800℃的高温，可以用来在家庭厨房的油锅起火时灭火，是现代化的新"火浣布"。

第十九章
流动的水银

噢，水银。

水就是水，银就是银，为什么叫水银？

那么，这是银的水，还是水的银？

怎么说都没有错。

水银就是汞。古希腊把它叫作"银水"，中国把它叫作"水银"，都是一码事。

汞就是汞，为什么叫这些名字？因为这是一种银白色的液体，所以就叫银水，或者水银了。中国以及古埃及，这两个文明古国都在很早以前就认识了它。

它实在太神奇了，银亮亮、闪闪烁烁的，好像是真正的白银，却又不像银子那样硬邦邦的，而是一种流体。

说它是流体，那就是水吗？

又不是。它可以像水一样流动，却不是真正的水。从外表看，它似乎有些黏糊糊的，却像水一样流动，甚至速度更快。古人描述说，水银泻地，无孔不入，你就知道是怎么一回事了。

请你注意其中一个"泻"字和"无孔不入"这个词。

"泻"表明它流动的速度非常快，几乎一眨眼就流光了。就是一般的水，流得也没有这样快。

"无孔不入"表明不管多么细微的孔洞，它也能够钻进去。

这是怎么一回事？

因为它的密度很大，远远大于一般的水。加上它是液体，所以只要滴落在地上，立刻就在一瞬间渗入土中，转眼就消失得无影无踪了。

话说到这里，人们不禁会问："为什么水银的密度这样大？"

因为它毕竟不是真正的水，而是一种金属呀！

信不信由你，水银也是金属大家族中的一员，可是又和一般的金属不一样，是自然界里唯一的液态金属。因为它的熔点很低，所以能够在常温中一直保持液态，只有在 -38.9℃时才变成固态。1759 年，人们才首次在实验室里得到了固体汞。

别看它的外表像水，化学性质却很稳定，不溶于酸也不溶于碱。它外表呈银蓝色，猛一看有些像铅呢。

汞的密度很高，达到每立方厘米 13.6 克，所以它的比重很大，即使把一块铁放在水银上面，铁块也会像木块一样漂浮。

汞的沸点很低，到了 70℃便会沸腾，还随时可以蒸发，这也是别的金属没有的特性。

一天，一个地质学家到阿尔泰山的一个村子去勘查，一幅描绘当地风景的油画引起了他的注意。在这幅画上，阳光照射的湖面上升腾起一股股淡蓝色的蒸气。画里的奇异景象让他疑惑，见多识广的他，从前还没有见过这样离奇的现象呢。

人们告诉他，这是一个妖魔湖，不小心走到湖边的人，都会感到头晕目眩，甚至会慢慢死去。

他仔细研究了这幅画，觉得其中必定大有文章。经过当地人指点，他独自到实地考察。后来查明，原来这是一个"水银湖"，湖水有汞的成分。汞蒸气有剧毒，所以害死了许多人。又经深入探查，最后发现了一个巨大的汞矿。

汞的内聚力很强，能够形成特殊的水银珠。

南宋诗人杨万里，在一首《昭君怨·咏荷上雨》中，描述了一幅清丽的景象：

午梦扁舟花底，香满西湖烟水。急雨打篷声。梦初惊。
却是池荷跳雨，散了真珠还聚。聚作水银窝。泛清波。

瞧，他把荷叶上的水珠，描写为"水银窝"，也就是水银珠。请你想象一下，用水银珠来比喻亮晶晶的水珠在荷叶上滚来滚去，真是再形象不过了。

汞很早就与人类的文明史有关系。

汞在人类历史进程中，扮演了一个什么角色呢？

可以说，汞既有很多用处，又掺杂着迷信的色彩。

古时候的人们早就知道汞的神奇特性了：用它熔解别的金属，形成各种汞化物；用它制作金箔和镜子；医生治病也用上了它。

天然的硫化汞又被叫作丹砂，鲜红的外表很抢眼，很早就被当作红色颜料了。考古学家在殷墟出土的甲骨片上发现涂抹有丹砂，证明当时就使用了天然的硫化汞。

因为它太神奇了，中国古代一些王侯的墓葬中也用上了它。春秋、战国的贵族墓，就有"水银为池"的说法。《史记·秦始皇本纪》

记载秦始皇陵"以水银为百川江河大海，机相灌输。上具天文，下具地理"。哎呀！在这些古墓里居然把稀罕的水银成池存放使用，可见当时的国人已经能够取得大量的汞了。

中国古代还把汞作为外科用药。1973 年，长沙马王堆汉墓出土的帛书中，有《五十二病方》，这可能是战国时代留下的，是现在已知的中国最古老的医方。那里也有用水银、雄黄混合治疗疥疮的办法，其中有四个药方就用到了水银。

在现代生活中，水银的作用越来越多。人们制造出了水银温度计、气压计，使用非常方便。水银还可以用于电学仪器、控制设备，制造汞锅炉、汞泵、汞灯等各种各样的东西，利用率比古代大得多。

第二十章
落雁山和攀枝花的传说

　　传说，在茫茫青藏高原上，有一座奇怪的山峰，南来北往的大雁飞到这儿，常常会迷失方向，绕着山顶飞个不停。最后，飞得精疲力竭，就会从半空中落下来。住在这儿的藏族老乡不费吹灰之力，只消在地上拾大雁就行了。有人给这儿取了一个名字，叫作落雁山。

　　大雁在天上飞得好好的，怎么会迷失方向掉下来呢？

　　人们推测，如果这是真的，说不定这座山上藏着一个磁铁矿，因为受了强烈的磁力干扰，大雁才会迷航。

　　落雁山的故事太神奇了，不知是真是假。而在青藏高原的边缘，金沙江边的攀枝花，却有一个真实的故事。

　　攀枝花又名渡口。奔流在峡谷里的金沙江非常湍急，渡江很不容易。这里的水势比较平缓，历来就是四川和云南之间过渡的地方。传说诸葛亮南征孟获的时候，来到了这里，瞧见一片荒凉，无法补给，不能屯兵，遂下令撤退。由此可见当时这儿是怎样一个地方。

　　话虽然这样说，这毕竟也是古代"南方丝路"的一个重要渡

四川攀枝花钢铁冶炼厂

江地点。南来北往的马帮，以及一些过路的客人，为了生计不得不冒险在这里过江。一些从四川贩卖毛铁（古时指未经锤锻的熟铁）的挑夫们，常常就是在这里渡江到云南的。

请听，一个真实的故事就发生在这个偏僻的角落。

挑夫们挑着铁块，吭哧吭哧走到这里，忽然觉得肩头的担子变得沉重起来，似乎有人在下面用力拉扯，连步子也迈不开了。过了一个垭口，才慢慢恢复过来。他们猜想，准是地下藏着一个神仙，不让他们从这里经过把毛铁运到云南去。于是烧香祈祷，请求地下的神仙放行。烧了一炷又一炷香，磕了一个又一个头，可那神仙却丝毫也没有感动，依旧伸出看不见的手，紧紧拽住铁块，担子还是那么沉重。

人们禁不住会问："这是真的吗？"

当然是真的。

这怎么解释呢？难道世界上真有这样不讲道理的神仙不成？

世界上当然没有神仙。这个奇怪的现象，得要有一个科学解释。

1935 年，一个名叫常隆庆的青年地质学家，为了调查当时在云南发生的一场地震，正好经过这里。这个故事，引起了他的注意。早在这以前，他就知道在这个地方以北，即西昌和冕宁之间的泸沽，存在一个大磁铁矿。泸沽和攀枝花同在攀西大断裂带的南北两侧，地质构造一个样，挑夫们传出的这个富于神话色彩的故事，是不是表明这里也有同样的储量巨大的磁铁矿？

常隆庆不放过这件事，认真进行调查。经过他的不懈努力，终于在这儿发现了一个举世无双的大型钒钛磁铁矿，填补了我国乃至世界的空白。攀枝花一天天发展起来，成为一个重要的钢铁和能源基地。

攀钢，这个响亮的名字传遍了全世界。为了纪念这位功勋卓著的地质学家，在攀枝花市中心和常隆庆工作过的成都理工大学，竖立起了他的雕像。

《青年励志会会务纪闻》
上的常隆庆

小卡片

钒钛磁铁矿

钒钛磁铁矿不仅含有铁，还有伴生的钒、钛、铬、钴、镍、铂族和钪等多种成分，可以用在航空、航天、舰船、冶金、化工、机械、电力、医疗器械等许多领域，有很高的综合利用价值。在攀枝花地区，用途广泛的二氧化钛的储量名列世界第一，五氧化二钒的储量名列全国第一、世界第三，都是非常罕见的珍贵矿产。

库尔斯克大铁矿的发现过程

早在十月革命前，人们就注意到位于俄罗斯西南部的库尔斯克，有一种奇怪的现象——所有的罗盘指针在这儿似乎被一种神秘力量控制，都像着魔了似的乱转，不再指向真正的南北方向。

有人猜测，这儿必定埋藏着一个巨大的磁铁矿，好像一块吸铁石似的吸引着罗盘的指针。他们悄悄绘制了一幅想象中的地下铁矿草图，梦想发一笔大财。十月革命粉碎了一切投机者的美梦，列宁断然拒绝了一个德国资本家以800万金卢布购买铁矿分布图的要求。他派遣一支地质工作队，到这个当时还是烽火弥漫的地区去勘查。1923年的春天，终于在162米深的地下钻孔里，找到了含有磁铁矿的石英岩。

库尔斯克大铁矿出世了。这里的磁铁矿储量，相当于当时全世界已知储量的总和。地下埋藏着这样一块巨大的吸铁石，难怪会使罗盘指针胡乱旋转。

同样的事情在其他地方也出现过。有人骑马经过一个地方，忽然马蹄沉得好像被什么东西吸住似的（马蹄上钉有蹄铁），走路非常吃力。经过仔细探查，原来地下埋藏着一个磁铁矿。

人们懂得了这个找矿方法，后来制造出磁力探矿仪，开着飞机在天上也能寻找磁铁矿了。

第二十一章
金羊毛和"黄金国"的传说

黄金，金光灿烂的黄金，好像磁石一样，紧紧吸引住了人们的心。从古至今，不管东方或西方，都有许多关于黄金的神奇传说。

古希腊神话中寻找金羊毛的故事，就是其中最古老，也最有名的一个。

据说在遥远的世界尽头，太阳升起的地方，有一个神秘的国度，那里生活着一种奇怪的金绵羊。它全身长满金色的羊毛，散发出灿烂的金光。

想一想，这种金羊毛多么名贵。别说一根根羊毛都是货真价实的黄金，就是用与众不同的纯金色羊毛织一件毛衣，那也够吸引眼球的呀！

为了寻找金羊毛，神话传说中的英雄乘船出海，战胜了种种困难，终于在遥远的黑海沿岸找到了它。

听了这个故事，人们不禁会问，这是真的吗？

有人说，当然是真的！这种长着金羊毛的绵羊，就在黑海的最东边，高加索的海岸边。

咦，这是怎么一回事？

有学问的白胡子老学究，考证来考证去，最后考证出来了——原来这儿有一些羊身上，沾满了亮灿灿的金砂，所以就传出了这个神秘兮兮的故事。

如果这是真的，人们不禁会问："那些金砂是从哪儿来的？"唯一的可能，就是附近有金矿。

地质学家出场了，对大家解释说："没有错，高加索的确出产黄金。"看来这不是无风起浪，似乎真有一些事实根据。

可是问题又来了。难道那儿的黄金多得数不清，遍地都是金砂吗？那样才能使一只只羊身上都沾满黄金。

哦，这不可能吧。如果真有那么多黄金，那还了得！我猜想，很可能有几只羊身上沾上了一些金砂，就被无限夸大，演变成了这个故事。

咱们中国有一条金沙江，因为可以淘金砂而得名。也没有听说有什么羊儿在金沙江边洗澡后，身上的毛就变成了金羊毛。神话就是神话，不能完全相信。

古时候，关于黄金的传说还有很多呢。我们在前面讲祖母绿的章节中，提到了"镀金人"和"黄金国"的故事，也是同样的神秘传说。

据说当地印第安人的首领，每当日出和日落的时候，就会在周身涂抹金粉，划着小船到一个名叫伊瓜苏的圣湖中，祭祀至高无上的太阳神。最后在晚霞的映照下，用湖水洗掉金粉。年复一年，湖底堆积了许多金粉，湖水也变得金光灿烂。这比金羊毛的神话晚得多，虽然夸大得使人难以完全相信，可也反映了当地出产黄金的事实。

这两个故事似乎都有确切的地质背景，却又太神秘了。请问，有千真万确的真实故事吗？

有呀！请再听一个印加帝国灭亡的故事吧。

南美洲的印加帝国盛产黄金，那里是一个不折不扣的"黄金国"，也是这个大陆古代文明的中心。

1531年，西班牙殖民者弗朗西斯科·皮萨罗率领一支武装到牙齿的军队，从中美洲的巴拿马基地出发，不怀好意地来到这里，要在这儿狠狠捞一把。好客的印加国王举行盛大仪式欢迎，却不料被皮萨罗抓住，关押在一间小屋里。皮萨罗举手在墙上画一条线，对蜂拥前来救助又担心伤害了国王的印第安人说："必须用黄金堆满这个屋子，堆得这样高，我才释放你们的国王。"

印第安人为了拯救国王，全国动员起来，真的送来那么多的黄金，指望赎回自己的国王。想不到蛮横的西班牙人，得到黄金后还是残杀了国王，最后用武力征服了这个古老的帝国。

印加帝国在哪儿？就是今天的秘鲁。请到秘鲁首都利马的黄金博物馆去参观，那儿保存着许多珍贵的黄金文物呢。

金和银

金、银都是贵重的金属，也是常见的金属。人们常常说金、银、铜、铁、锡，就表明了这个意思。

为什么金、银很贵重？说起来有几个原因。

首先，金、银很难开采，产量不是太多。俗话说，物以稀为贵嘛。

再则，即使找到了，也不容易提纯。加上它们的本色非常好看，一派金光灿烂、银光闪闪的，十分引人注目。和别的金属相比，显得非常高贵，大大抬高了身价。虽然白银容易变色，黄金却不容易腐蚀生锈，所以自古以来就被人们看重，或铸造为货币进行流通，或作为昂贵的装饰品，是最理想的保值之物。

不过，话又说回来，世间哪有那么多黄金、白银，可以用来大量流通？早在我国的西汉时期，人们就用铜来代替黄金了。后来人们干脆使用纸质的"金票"和"银票"代替稀罕的金银了。

金银不仅可以作为货币和漂亮的装饰品，它们的合金制品也有许多工业用途呢。

第二十二章
"愚人金"的笑话

请听，这是一个"愚人金"的故事。

哈哈哈！想不到世界上有开玩笑的"愚人节"，竟还有"愚人金"。请问，这也是开玩笑吗？

不，"愚人节"是给别人开玩笑，"愚人金"却是自己骗自己，自己给自己开玩笑，真傻呀！

如果你不信，请听这个故事吧。

据说，从前有一个老财主，整天逼迫长工们给他干活。有一天，他亲自上山去监视长工们，看他们是不是干活的时候偷懒。他路过一个山谷，突然发现遍地都是亮光闪闪的"金子"，他高兴得简直要发狂了。他连忙把"金子"大把大把地往口袋里塞，直到再也塞不下了，才跑回家把"金子"藏起来。

从这天开始，他不许长工们上山了，担心他们会偷"金子"，他要亲自去拾这些天赐的宝贝。他又害怕别人看见，就在每天夜晚像小偷似的悄悄摸黑上山，把一袋袋"金子"往家里搬。财主自以为发了大财，自己家里已经变成一个金库了，几辈子也用不完。

有了"钱"，就得用呀！有一天，他美滋滋地拿了一块"金子"，到金店里去兑换，想不到被别人赶了出来，说他是骗子，拿没有用的东西冒充黄金，差点儿挨一顿打。

咦，这是怎么一回事，难道他发现的不是真正的黄金吗？

难道不是吗？远看这些玩意儿金光灿烂，托在手里也沉甸甸的；近瞧一个个有棱有角的"金粒"，和黄金似乎一个样，实际上却压根儿不是黄金——原来这是不值钱的黄铁矿的矿砂，与真正的黄金八竿子也打不到一起。

哈哈哈！笑疼肚皮啦！

这是一个民间传说，不一定是真的。不过，古时候欧洲有一些炼金士，却真的一本正经地妄想用这种黄铁矿炼出黄金。事实上，这些亮闪闪的矿石里，一丁点儿黄金都没有，所有的功夫统统白

黄铁矿

费了。炼金士骗了支持他们的傻乎乎的国王，也骗了自己，真是一群大傻瓜。

黄铁矿不能提炼黄金，能用来炼铁吗？

也不成啊！别瞧它的名字里有一个"铁"字，却也提炼不出铁，它也不是真正的铁矿石。

噢，这可奇怪了。黄铁矿既不能炼金，又不能炼铁，还能干什么呢？

请仔细看看它的化学组成吧。原来它的主要成分是二硫化铁，可以用来生产硫黄和硫酸，却不能炼铁，更别指望从里面炼出一丁点儿黄金。

小知识

怎么区分黄铁矿和真正的黄金

这很简单，只需从它们的基本性质方面测试一下，就能分辨出来了。

首先看它们的比重。自然金的比重是 15.6 克 / 立方厘米 ~18.3 克 / 立方厘米，放在手上沉甸甸的。黄铁矿的比重只有 4.9 克 / 立方厘米 ~5.2 克 / 立方厘米，相对就轻得多了。

再看它们划出的条痕。在不带釉的白瓷板上一划，看一看划出的条痕颜色，也就是留在白瓷板上的粉末，二者是大不一样的。自然金的条痕是金黄色，黄铁矿的条痕是绿黑色，泾渭分明。

还有一个办法，把它们放进硝酸里泡一下，黄铁矿会冒气泡，真正的黄金却不会冒气泡。

第二十三章
啊，"锡瘟"

人群中以及动物之间，有时会流行可怕的瘟疫。植物也会害瘟，稻瘟病不就是一个例子吗？

动植物同属于生物圈，发生瘟病不稀罕。那么，金属也会害瘟吗？

信不信由你，没有生命的金属真的也会发生莫名其妙的瘟病。

为了说明这个情况，请看一个例子。

俄国旧时的京城圣彼得堡是有名的"北方之都"，地处北纬近60度，离北极圈不远，气候非常寒冷。有一年的冬天特别冷，气温达到了-38℃，人们冷得简直没法出门了。想不到就在这个时候，发生了一件怪事。人们发现海军仓库里的许多锡块一夜之间突然不见踪影。这可是帝国财产，不是一件小事。守仓库的人一时吓坏了，不知道该怎么办才好。

莫非这儿发生了盗窃案？

不可能啊！这里是军事仓库，安保十分严密。库房门关闭得紧紧的，外面有卫兵看守，盗贼怎么可能溜进去呢？再说了，锡锭非常沉重，要搬动这么多的锡块，也不可能没有一点动静呀！

　　人们定下神来一看，不由得瞪大了眼睛。只见原先堆放锡块的地方，留下许多像泥土一样的灰色粉末。原来储藏的锡块没有被盗，而是不知什么原因变成了微细的粉末。

　　在这个寒冷的冬天里，这不是唯一的一件怪事。另一件怪事是，从被服仓库取出的军大衣上几乎所有的纽扣都不见了，变成了灰色的粉末，士兵们没法穿了。

　　同样的案例发生在莫斯科。

　　1812年冬天，由于不可抗拒的严寒的影响，进攻俄国的拿破仑大军被迫从莫斯科撤退。在饥寒交迫下，无数士兵在沿途被活活冻死，60万大军最后只剩下两三万人。事后人们研究失败的原因之一，竟出在军服上那小小的锡制纽扣上。这些锡制纽扣在寒冷的气候条件下发生化学反应，统统变成了粉末。无法系好军服

1812年拿破仑大军撤离莫斯科

的法军士兵敞露着胸怀，不得不抢掠平民服装，甚至披上女人的斗篷或地毯御寒。拿破仑大军最终被严酷的俄国冬天打败，身经百战的士兵在风雪中一个个倒了下去。

这种事在南极大陆也发生过。

1912 年，英国探险家斯科特率领一支探险队胜利到达了南极点，却不幸在返程中全队覆没，没有一个人幸存。人们不明白，为了这次远征，他们做好了充分的准备，携带了大量给养，还在沿途设置了一个个储藏库，储存了许多御寒、照明的煤油，怎么会遭遇这样的结果呢？事后检查，原来铁制煤油桶的接缝是用锡焊的，极度低温使锡发生变化，铁桶缝上的锡变成粉末，里面的煤油就全部漏光了，这怎么还能取暖、煮东西吃呢？

锡在低温下的这种反应，就是可怕的"锡瘟"。

云母共生锡矿石

锡

锡是一种常见的金属。早在遥远的古代，人们就发现了它，并开始大量使用锡，一些古墓中发掘出形形色色的锡器，使用非常普遍。我们常常说的金、银、铜、铁、锡，所谓"五金"，就包括它在内。

银光闪闪的锡是一种柔软的金属，很容易弯曲，没有毒，可以用来制作锡壶、锡碗、锡杯、锡勺等餐具及其他各种各样的产品。它在常温下具有延展性，用锡箔包装物品，可以保鲜防潮，保证清洁无毒。

锡的化学性质十分稳定，不与水、酸类和碱类发生化学反应，可做成锡管和锡箔，应用于食品工业上。锡箔常用于包装糖果和香烟，既防潮又好看。还能用来制造镀锡的铁皮，能够抗腐蚀、防毒。它还能和其他金属一起制造出各种各样的合金，在军工、仪表、电器方面用途广泛。早些时候印刷厂里的铅活字，也是铅与锡的合金。

怎么治理"锡瘟"

"锡瘟"这么可怕，难道就没有对付的办法吗？科学家经过仔细研究，终于找出了原因。原来这是在低温下，锡的结晶形态发生变化所造成的。

现在科学家已经找到了一种预防"锡瘟"的"注射剂"，其中一种就是铋。铋原子中有多余的电子可供锡的结晶重新排列，使锡的状态稳定，所以消除了"锡瘟"。

第二十四章
关于石油

石油，这个名字听着很有趣。这不是花生油、大豆油、菜籽油那样的植物油，也不是猪油、牛油、深海鱼油一样的动物油。字面意思说得明明白白，这就是石头里的油。

哈哈哈！石头也会冒出油吗？来几根石油炸的油条怎么样，你敢吃吗？

得了，别胡搅蛮缠了。咱们在这儿说的是飞机、汽车用的石油，不是胡同口炸油条的那种油。

在科学技术发达的今天，要说石油不存在，只能糊弄山顶洞人，要想忽悠现代人那可不成。请问，现今谁不知道石油？有一次我乘飞机出行，飞机将要起飞的时候，前排一个两三岁小女孩指着机场里一排排飞机说："这些飞机还没有加油，加了油就跟着我们一起飞了。"

瞧，小孩子也了解石油，知道它可以带动飞机起飞。今天是石油的时代，谁不知道石油的重要性，可真的是山顶洞人。

石油是怎么被发现的？问咱们的老祖宗吧。

《易经》里有一句话说："泽中有火。"

仔细琢磨这句话，说的是湖面着了火。俗语道，水火不相容。又有一句话说，水能克火。水汪汪的湖水表面，怎么可能冒出火呢？合理的解释只有一个，那就是水面有石油燃烧。

另一本唐代段成式写的《酉阳杂俎》说得更清楚。他说："石漆，高奴县石脂水。水腻，浮水上如漆。采以膏车及燃灯。"

我们看这一段记载：这儿的水很"腻"，就是油腻腻的。水面上漂浮了一层好像油漆一样的东西。舀出来可以膏车或点灯。这个玩意儿叫作石漆。

想一想，这是什么东西？岂不就是石油吗？

克拉玛依黑油山

延州的高奴县，在今天延安东边，本来就是出产石油的地方，出现这种现象一点也不奇怪。

宋元时代有名的学者马端临，在《文献通考》中记载"晋穆帝升平元年（公元357年），凉州城东池中有火"，也说的是同样的现象。

杨慎在《丹铅总录》中说："火井在蜀之临邛，今嘉定、犍为有之。其泉皆油，爇之燃。人取为灯烛。"

由此可见，我们的老祖宗早就发现了石油，证明它可以燃烧。只不过当时不叫这个名字，而是叫作石脂、石漆。"脂"和"漆"，都清楚表明了石油的特点。当时高奴县那个石脂水，就是石油河。

石油在古时候不仅可以用以点灯和生产，还有许多用途，甚至应用在军事方面。

唐代的《元和郡县志》中，有一段非常有趣的记载。据说在南北朝时期，北周武帝在位期间，"突厥围酒泉，取此脂燃火，焚其攻具……酒泉赖以获济"。

北宋一本《吴越备史》，讲述五代十国的后梁末帝贞明五年（公元919年）的一场战斗，"文穆王与淮人战……纵火油焚之……火油得之海南大食国"。

从这两段记载看，石油如同今天的火焰喷射器一样，用来焚烧敌人，是一种非常厉害的武器。

既然这样，就得大量储存。南宋一本《昨梦录》介绍："西北边城防城库，皆掘地作大池，纵横丈余，以蓄猛火油。"这岂不就是今天那些储存原油和成品油的油库吗？只不过形式不一样罢了。请注意其中的"边城""防""库""皆"等字词，表明了石油当时是用来作为一种特殊边防武器的，只不过没有用于飞机、坦克和各种各样的军用车辆而已。在世界上，咱们中国可以算是最早在军事上使用石油的国家了。

这么多的石油是从哪儿来的？除了国内出产的，还有海外的大食国。大食国就是当时的阿拉伯和伊朗。由此可见，当时已经应该有一条海上石油运输线，从西亚一直通往东方。

在我们的历史典籍中，这样的类似记载还有很多很多，一下子也说不完。仔细归纳一下发现石油的地点，除了陕北，还有河西走廊、河北平原中部、河南中部和北部、山西西南部、湖南南部、广东北部，以及四川、浙江、福建、台湾等地，这些区域都有石油的影子。20世纪初期，有些外国学者说什么"中国贫油"，请他们好好到中国来读书，仔细看一看这些珍贵的历史资料吧。

瞧，咱们的老祖宗早就认识石油了，只不过当时不叫这个名字。直到北宋时期，大科学家沈括才正式给它取名叫作石油。

他在《梦溪笔谈》中有一段话是这样说的："盖石油至多，生于地中无穷，不若松木有时而竭。今齐、鲁间松林尽矣，渐至太行、京西、江南，松山大半皆童矣。"

请看，他不仅首先提出了石油这个名字，还认为石油在地下无穷无尽，比树木多得多，意义更加重大。上千年前古人能够有这样的认识，真了不起！

石油的生成原因

石油是怎么生成的？古人也有一些说法。

《昨梦录》的作者康与之猜测说："日初出之时，因盛夏日力烘，石极热则出液，他物遇之，即为火。"

沈括认为它"生于水际，沙石与泉水相杂，惘惘而出"，就是说石油产生在水边，与沙石和泉水混杂在一起，是慢慢流出来的。石油到底是怎么产生的，他也没有说清楚。

现代地质学家解释说，石油是远古时期海洋或者湖泊里的生物，经过漫长的地质时代，逐渐演化而成的。因此，有海相环境中生成的石油，相应地也有陆相石油。

第二十五章

诸葛亮、"手气筒"和别的奇闻

中国的古代典籍浩如烟海，特别是过去各地的历代方志，十分注重记载一些特殊自然现象，这成为一种可贵的传统。北京大学图书馆里就有全国各地的许多方志，我上学和执教时，特别喜欢阅读这些"闲书"。其实闲书不闲，里面蕴藏了许多有用的知识，需要沙里淘金逐渐积累，以后总有用处的。否则就如古人所说，书到用时方恨少了。

1957 年夏天，我奉命考察华北平原。出发前查阅当地县志，惊奇地发现河北盐山县和山东无棣县境内，分别有大山、小山等两座石头山。这里是一马平川的大平原，怎么可能有石头山？于是我专门前往调查。结果发现这是两座玄武岩火山丘。这事前人没有报道过，算是一个新发现。这就是中国特有的地方志的优势，可要好好爱护、好好尊重老祖宗留下来的这种特殊文化遗产才对。

我在这里说了一段闲话，再回过头来谈实际问题。

前面讲述石油的时候，介绍了一些"地下冒火"的古代文献记载。这样的材料还有很多很多，都是石油引起的吗？可不一定。仔细分析一些材料，其中有的材料所说的非常明显就是天然气。

请跟随我，一起去阅读一些古书吧。

在唐代宋居白写的《幸蜀记》中，有一段值得注意的记录："汉川什邡井中有火龙，腾空而去。"这会是什么腾空的火龙？非常明显就是天然气。什邡位于成都平原西北部，通过现代地质调查，本身就有天然气分布。

前面说过的宋元时期学者马端临在《文献通考》中，也有关于天然气的生动描述："泸州盐井竭，遣工人视。忽有声如雷，火焰突出，工被伤。"

这不是一件非常明显的工伤事故吗？井下天然气爆炸，下井工人受伤。从描述情况看，似乎当时立刻就施行了急救。否则"入视"的这个工人就不是"伤"，而是"亡"了。天然气爆炸非常危险，这一段记述从另一个侧面反映了当时的井下急救技术还是很有水平的。

现在四川盆地内，已经发现了丰富的天然气，它是我国一个非常重要的天然气生产地区，以泸州为中心的川南气田就是其中之一。我曾经不止一次前往那里考察，证实七百多年前的马端临没有说错。

四川是世界上最先使用天然气的地方，比在1668年最早使用天然气的英国，至少早1600多年。说得更加具体些，不是川南的泸州，也不是今天大名鼎鼎的川中气田，而是成都附近的临邛，也就是今天的邛崃。早在秦始皇、汉武帝的时候，这儿就开发了天然气。

西汉文学家扬雄在《蜀王本纪》中记载："临邛有火井一所，纵广五尺……井上煮盐。"在《蜀都赋》里，他也强调了"火井"这回事。他是成都人，又是知识渊博、治学严谨的大学者，所记录的事就发生在他的时代和身边，应该是可以相信的。

晋代常璩编著的《华阳国志》是研究四川地区的权威著作，其中关于天然气的记载更加丰富。

请看下面一大段记载：

"临邛有火井，夜时光映上昭。民欲其火．先以家火投之，顷许，如雷声，火焰出，通耀数十里。以竹筒盛其光以藏之，可拽行终日不灭也。井有二，一燥一水。取井火煮之，一斛水得五斗盐；家火煮之，得无几也。有古石山，有石矿，大如蒜子。火烧合之，成流支铁，甚刚。因置铁官，有铁祖庙祠。汉文帝时，以铁铜赐侍郎邓通。通假民卓王孙，岁取千匹。故王孙累巨万，邓通钱亦尽天下。"

这段记载告诉我们几件事。

首先，这儿有一种特殊的火井，晚上有火光。

当地人要用火非常方便，只需抛下火，就能立刻点燃井里的天然气。轰的一声爆炸，火光照耀几十里。

这里的火井非常有名气。晋代干脆把这里改名叫作火井县，直到今天还有一个火井镇，保留了古代天然气开发的遗迹呢。

火井有什么用处？

用来熬盐、炼铁呀！

值得注意，其中还讲了两件事。

由于天然气有这些用途，当时就在这儿设置了专门管理炼铁的铁官，还建立了铁祖庙。

井火煮盐

　　皇帝把这件事交给一个名叫邓通的官员
来管理，邓通又交给了卓王孙去办。这个卓王孙原本是赵国的贵族，
秦国统一后被流放，他带着女儿卓文君和一大家子人，被迫迁移
到了临邛。邓通让他来办这件事，他利用天然气炼铁，很快就成
为大富翁，是世界上最早开发天然气的企业家。不过也暴露了邓
通和他的不正常关系，是不折不扣的官商勾结腐败现象。

　　《华阳国志》的这一段记载还讲到一个有趣的发明。人们把天
然气装进竹筒里，点燃了就能照亮身边。晚上拿着它走夜路，它
就是最好的照明工具。

　　啊，这岂不和"手电筒"一模一样吗？让我们给这个"手电筒"
的鼻祖取一个名字，叫它"手气筒"吧。如果今天照样做一个，

一定非常好玩。

在别的几本古书中，还记下了一个和天然气有关的著名历史人物。

他是谁？就是诸葛亮呀！

请看当时的记载："临邛火井，诸葛亮往视后，火转盛。以盆著井上，煮之得盐。后人以家烛火投井中，火即灭。迄今不复燃也。"

《初学记》引用别的材料也说："临邛县有火井。汉室之盛则赫炽，桓灵之际火势渐微。诸葛孔明一窥而更盛。"

这件事在《太平御览》《太平广记》《异苑》中都有记载。

从法律意义来说，一本书是孤证。如果许多书中都这样说，似乎就应该认真考虑了。

这个记载是说，临邛这儿的火井在汉朝强盛的时候，很不错。到了东汉末年桓帝、灵帝的时候，就一天不如一天了。到了三国时期，诸葛亮去前往视察，火势又旺盛起来，可以用盆子放在"火井"的井口熬盐。可惜过了不久，诸葛亮死后，没有人再管这儿的天然气生产，这儿就一天天走下坡路，后来要想点燃天然气也不行了。

1985 年，我应聘担任邛崃县（今邛崃市）的旅游资源开发顾问，跑遍了这儿的所有角落，最后发现、开发了一个天台山风景区。碰到一件事，不由得深深叹一口气。

唉、唉、唉……

世界上的事情，往往都在唉的一声后面变了样。

就在天台山旁边，一个叫高何的地方，那里有一座南宋时期的宝塔，修建得非常漂亮。仔细调查造这个塔的原因，原来当时有一股天然气冒出来，伤害了当地的庄稼。人们居然以为这是"妖气"，专门修建了一座宝塔镇压它，不让天然气冒出来。请问，是天然气重要，还是山坡上的几棵庄稼重要？用这种办法镇压"妖气"，实际上是镇压了科学。人怎么越活越不如老祖宗？迷信吞噬了科学，实在太愚昧了！

唉，要是那时候诸葛亮还在，多好呀！

天然气

天然气是蕴藏在地下的一种可燃性气体，常常与石油、煤层等有关系，是现代工业和居民生活的重要燃料，广泛应用在化工等许多领域。

天然气净化厂

我国的天然气

我国西部地区的塔里木、准噶尔、柴达木、四川四大盆地，加上黄土高原上的陕甘宁地区，全都蕴藏着丰富的天然气。东部沿海地区是使用天然气的"大户"，尽管当地也有天然气，却远远不能满足日益增加的需求。为了解决这种区域不平衡的现象，2000年国家启动了"西气东输"工程。即从新疆塔里木盆地的轮南油气田，铺设两条直径为1.5米的大口径输气管道，向东经过河西走廊、关中平原，以及河南、安徽、江苏等省，直达东海之滨的上海。

"气宝盆" 四川

在四川盆地这个聚宝盆里，几乎处处都有丰富的天然气储藏。历史上常常发生天然气泄漏的事件，当时不明真相的人在古书上记载"妖气外泄"，还有的说是"火龙升天"。在一些古人眼中，居然以为这不是好事情。不管是"妖气"还是"火龙"，其实都是天然气活动的现象。地下的天然气多得堵也堵不住，从各种各样的缝隙和孔洞里冒出来，不熊熊燃烧起来才是怪事了。

油和气常常共生在一起，有石油的地方都有天然气。一些地方以石油为主，一些地方以天然气为主。四川就是后一种情况，天然气的储量比石油多得多。祖籍就是四川的黄汲清和其他老一辈的地质学家早就说过，四川盆地里的天然气非常丰富。新一代的地质工作者经过详细踏勘，接连不断在盆地内发现了一个个巨大的天然气田。这些气田遍地开花，使四川盆地成为一个名副其实的"气宝盆"，四川省简直就是一个"火井省"。

为什么四川盆地的天然气特别多？这和这里的地质历史有关系。别瞧今天四川盆地地处内陆，距离海洋遥远，远古时期这里却是一片广阔的内海。海洋历史结束后，还有一段漫长的湖光渺渺的岁月。无论是海洋还是湖泊环境，都是生成石油、天然气的绝佳温床。这里堆积的海相和陆相岩层很厚，从几亿年前的古生代到几千万年前的中生代的岩层里，都蕴藏着丰富的油气资源。其中天然气资源特别丰富，说它是"气宝盆"一点也不错。

第二十六章
煤啊煤

我们在前面讲述了许多源于石油、天然气的地下冒火事件。那么，除了这两个原因，还有别的情况吗？

有的！如果你不信，有书为证。

还是那本马端临老先生写的《文献通考》中，有一段值得注意的记录。书中说："汉成帝河平四年（公元前 25 年）六月，山阳火生石中。改元为阳朔。"

"阳"在这儿的意思是山的南边。山阳就是今天的河南省修武县，因位于太行山南面而得名，位置说得清清楚楚的。

看样子，这是一次地下煤燃烧，地面冒出了熊熊火焰。这里距离著名的焦作煤矿只有几十公里，地下有煤一点也不奇怪。可能情况很严重，惊动了当时的皇帝，才把年号河平改为阳朔。年号是一国的大事，如果情况不严重，会引起皇帝重视，慌里慌张更改吗？

古时候的皇帝非常迷信，把一切灾难都当成是老天爷的警告。可又爱面子，不能明说是坏事。拍马屁的大臣们就挖空心思，胡

煤

诌了这么一个好听的词儿，让皇帝改换年号应付老天爷，也欺骗老百姓，稀里糊涂掩盖过去了。

元代历史学家脱脱编写的《宋史·五行志》中，也有一段记录。记述北宋真宗时期"大中祥符四年（公元 1011 年）二月己未，河中府宝鼎县濮泉有光，如烛焰四五炬，其声如雷"。

这说的就是今天山西省南部的万荣县荣河镇。山西遍地是煤，很可能这也是地下煤燃烧。

古书说完了，说一说我自己的经历吧。

1953 年，我们到山西大同煤矿考察，来到七峰山矿区。只见山上地面的岩石裂隙中冒出一股股烟雾，石头也被烤烫了。我把随身带的冷馒头放在上面，不一会儿就烤热了。

咦，这是怎么一回事？

原来，这是 1945 年抗战胜利，日本人投降的时候不甘心失败，临走在地下矿井里放了一把火造成的。火势越来越大，人们没法控制，就一直烧到了我们看见的时候。大同煤质量特别好，那里的煤层也特别厚。日本人在好几条巷道同时点火，一烧就是一大片，一时很难灭火。就这样从1945年开始，整整烧了这么多年。后来好不容易采取周围隔断的办法，才渐渐熄灭了这一股罪恶的地下火。

当时手摸着脚下滚烫的石头，眼看着石头缝里冒出的丝丝烟雾，我们气愤得咬牙切齿。

煤啊煤，黑色的乌金，咱们的老祖宗早就发现并利用它了，自古以来它就是人们生活的好帮手。

考古学家报告，辽宁新乐古文化遗址中，就发现了煤制的工艺品。河南省巩义市也发现了西汉时期使用煤饼炼铁的遗址。

《山海经》中把煤叫作石涅，魏、晋时期叫作石墨、石炭。明代李时珍的《本草纲目》首先用了煤这个名称。

明代爱国英雄于谦，有一首《咏煤炭》的诗，曾经被选入初中课本，诗中又把它称赞为乌金了：

> 凿开混沌得乌金，藏蓄阳和意最深。
> 爝火燃回春浩浩，洪炉照破夜沉沉。
> 鼎彝元赖生成力，铁石犹存死后心。
> 但愿苍生俱饱暖，不辞辛苦出山林。

仔细读一读，这首诗不仅表明了他自己的抱负，也把煤的生成情况和用途说了个大概。实际上，煤是埋在地下的古代植物经过漫长的地质时期，在长期和空气隔绝以及高温高压的情况下，经过一系列复杂的物理、化学变化过程，逐渐发展形成的可燃性矿床。根据它的成分、质量和用途，可分为无烟煤、烟煤、褐煤三大类。

山西大同煤矿博物馆里的煤矿雕塑

小卡片

泥 炭

泥炭又被叫作草炭，或者泥煤。这是一种在沼泽中生成的最低级的煤。

什么是最低级？就是煤化程度最低，其中有的腐烂植物还没有完全分解。泥炭是经过上面堆积层的压力以及细菌作用，逐渐生成的。

请别小看了它，这是很好的有机肥料，也可以作为发电的燃料。可以提取其中的一些成分，供给化工、酿酒、医药等许多行业呢。

第二十七章
盐是从哪儿来的

喂，朋友们，让我们来做一道算术题。用最简单的减法，减去生活中最必需的东西。

请听着，我开始出题啦！

请问，人们的日常生活中，什么少不了？

呵呵，这还不明白吗？古人说，油、盐、柴、米、酱、醋、茶。

接着再问你，这七种生活必需品里，什么可以不要？

想一想，酱、醋、茶似乎也能少。南方人不用大饼蘸面酱，不是山西人不用喝醋，不是成都人不必泡茶馆。现在已经用上天然气，也不用烧柴火了。再说呢，人人爱护森林，还能上山砍柴吗？那可是犯罪呀！这四种也可以免掉。

哼哼，话说到这里，猛然想起一个问题。制定这个标准的古人，肯定是山西太原府，或者附近别的州县村镇，住在黄土窑洞里的白胡子老学究，才酱呀醋地念叨个不停。如果叫广东人来，首先就会去掉这个酱和醋。广式早茶喝茶只是个借口，主要是喝粥、吃点心，在广东馆子里烧柴火，岂不笑死人？按照广东的办法，再加几种北方人想也想不到的东西，来一个别出心裁的"广七样"，请大家遵照执行吧。北方的父老乡亲们，你们心甘情愿吗？

盐

俗话说，众口难调呀！

得了，别说废话了，接着再做这道算术题吧。

再问你，剩下还有三种。再按重要性排一排顺序，还能减掉什么呢？

哦，吃面就不用大米，吃西餐也用不了多少油。油和米也不是最最需要的。这么东减西减，最后只剩下了盐。医生警告说，这可是绝对不能减少的了。

为什么？因为盐是组成生命的元素。没有酱和醋不会生病，但如果缺了盐，情况就不妙了。

为什么？因为盐是最奇妙的调味品。我们实在难以想象，如果没有盐，菜肴是什么滋味，生活将会是什么样子。

哦，现在我们可以下一个结论了：油、盐、柴、米、酱、醋、茶中，盐是最最少不了的东西。

盐是从哪儿来的？

孩子们会说，它是大海爷爷送给人们的礼物呀！

海水晒干了，就留下一颗颗亮晶晶的盐粒。我们的祖先早就学会了利用海水晒盐，在海边开辟了一个个盐田。天津旁边的长芦盐场，就是其中最有名的一个。在盐场里，一片片盐田里灌满海水，在火辣辣的太阳下面晒干了，就留下一颗颗亮晶晶的盐粒，办法就这么简单。

我在山东的黄河入海口，也见过同样的盐场。

哇！白花花、亮晶晶的盐粒，铺满地、堆成山。在一马平川的平原上，老远就能望见。不知内情的人，没准儿还会纳闷，这儿哪来一座座小小的冰山呀？

瞧呀！它真的像冰一样晶亮，在阳光下闪烁着银色的亮光，点缀着海边平淡单调的风景，好看极了！旅行社干吗不开辟一条观光线路呢？保证客源滚滚，还普及了科学知识，真是一举两得。

盐还能从哪儿来？

信不信由你，和大海八竿子也打不着的内地，也是盐的重要产地。如果这里气候特别干旱，含盐的湖水晒干了，同样也能生成盐。

不信，请到柴达木盆地的察尔汗盐湖去看看吧。

察尔汗盐湖

这是有名的"盐湖之王"，距离格尔木市不远，蕴藏的宝贵盐类资源特别丰富。

有趣的是，它的名字里虽然有一个"湖"字，却没有常见的湖水，也不能划船钓鱼。放眼一看，湖面覆盖着灰褐色的盐盖子，好像是结冰的北冰洋风光。

放心大胆在上面走吧，这个盐盖子很厚、很结实，绝对不会陷落下去。不仅人和牲口可以行走，人们还在上面修造了公路、铁路，可以行驶汽车、火车，甚至修建了一个飞机场呢。

在盐盖子下面，藏着浓浓的盐卤水，可以提炼许多有用的元素。人们因此在附近修建起了钾肥厂和化工厂。

还有呢！

我们脚下的岩层里也有盐。前文所述的四川盆地里，多处都有石油、天然气，是世界闻名的"油气盆地"，那里也蕴藏着丰富的岩盐，还是一个"盐盆地"。我们在前面说过的邛崃和有名的"盐都"自贡，就是最好的例子。

很早很早以前，古代巴蜀时期，人们就在成都平原附近的邛崃一带，发现了"咸泉"和"咸石"，开采了食盐。秦灭巴蜀以后，李冰在邛崃开凿了第一口盐井，那里成为一个产盐的中心。随着后来的发现，盐的生产中心逐渐转移到盆地中部的自贡一带，开采技术也逐渐提高。从最早的挖井转变为凿井，提取地下更深地方的盐。

请别小看一个"挖"字到"凿"字的变化，这可是盐业生产技术思想的大转变。北宋仁宗庆历元年（公元1041年），人们终于想出了好办法，用坚硬的器物往下不断冲击，就可以在岩石上凿出一个小孔，源源不断汲取地下深处的盐卤了。

四川自贡燊海井

　　请你牢牢记住这个方法叫作"冲击式顿凿钻井法"，所开凿的井孔叫作"卓筒井"，这是当时最先进的技术。掌握了这个方法，盐井越钻越深。到了清朝道光十五年（公元1835年），开凿出人类有史以来的第一口超千米的深井，井深达到1001.42米，既产盐卤，又产天然气，取名叫作"燊海井"。国人这种钻井技术，在当时无疑是世界一流的。

你知道吗？

中国的"死海"

　　西亚有一个死海，盐分很浓很浓，人可以舒舒服服躺在水上，绝对不会沉下去。信不信由你，四川盆地中部的大英县，也有一个"中国死海"。躺在这"死海"的水面上可以打盹儿、看报纸、自由自在随意漂浮，和在西亚死海一模一样，惬意极了。

　　咦，这是怎么一回事？原来这里是有名的岩盐产区，人们把地下盐卤水引出来，灌满一个足球场大的凹坑，形成一个盐湖。由于盐卤水的比重比人体比重大得多，我们就可以在水上漂浮了。

第二十八章

植物、动物报矿员

先说植物报矿吧。

植物是欣欣向荣的生物，矿物是硬邦邦的石头或金属。我们的老祖宗自古以来就分出了金、木、水、火、土五大要素。金和木二者似乎风马牛不相及，植物和矿产有什么关系？

信不信由你，它们还真有关系呢！有些不会说话的植物，也能默默向人们报矿。

那么，"木"怎么能反映"金"的秘密？一个是有机物，一个是无机物，中间有何联系？

说来道理也简单，这是通过"土"转化的。"金"风化为"土"，"木"从"土"中吸取了营养，"金"和"木"不也就相互转化了吗？

啊！老祖宗的金、木、水、火、土五行学说真了不起，既纲举目张，在世间万物中归纳出了金、木、水、火、土五大类，又可以相互转化，真是奥妙无穷。

植物怎么报矿？铜草就是一个例子。

铜草又叫海洲香薷，古人早就发现了它和铜矿有关系。人们说"牙刷草，开紫花，哪里有铜，哪里就有它"，就是这么一回事。

为什么铜草能够和铜矿扯上关系？因为它的根系能吸附土壤中铜的成分，只要见着它，就能基本判定地下有铜分布了。聪明的地质工作者抓住它的这个特性，发现了不少大大小小的铜矿。

铜是有用的金属元素，但也会污染土壤。利用铜草吸取铜的特性，还可以利用它吸出分散在土壤里有害的铜成分，是一种新奇的环保植物呢。

作为报矿的指示植物，还有其他一些种类，古人早有论述。《管子·地数》中就明白写着："山上有赭者，其下有铁；上有铅者，其下有银。"南朝梁成书的《地镜图》中，有"草茎赤秀，下有铅""草茎黄秀，下有铜""山有葱，下有银"的描写。唐代段成式的《酉阳杂俎》也有"山上有葱，下有银；山上有薤，下有金"的记述。这些话一看就明白，不用过多解释，表明我国自古以来就对植物报矿进行观察和应用了。

除了植物报矿，有的动物活动，也能让人有意外的发现。

1869 年 3 月，南非的一个黑人牧童赶着羊群在河边吃草，无意中瞧见羊蹄从泥土里翻出一块闪光的小石头，后来知道这是一颗纯净的金刚石，有 83.5 克拉重。一个珠宝商知道了消息，赶在别人的前面，用 500 只肥羊、10 头牛和 1 匹快马，和孩子的父亲交易，换到自己手中。他漫天要价，以 11200 英镑的高价卖给了莱宁兄弟公司。这个公司也不是傻瓜，转手就以 25000 英镑的价格卖给鲁德林伯爵。后来经过仔细加工打磨，终于将它制成了著名的"南非之星"（又名卡利南一号）钻石。尽管它的

卡利南一号至九号

重量被磨掉了将近一半，只有 47.75 克拉，却变得精美绝伦更加贵重，成为屈指可数的世界名钻之一。

1971 年，广西巴马瑶族自治县一个农民，宰杀自家养的鸭子，在鸭子的嗉囊里，意外发现了一些金粒。再杀一只鸭子照样有，这引起了全村轰动。后来，他从所有的鸭子体内，都找到了同样的金粒。消息传开，人们想金粒必定是鸭子经常寻找食物的一条小溪冲带来的。顺着这条溪流搜寻，终于在上游发现了一个金矿。这也是地质工作者常常使用的方法——只要在河滩上或者河床中发现一块矿石，沿河追溯一般能够找到它的母矿。

小知识

找矿方法

找矿的方法很多，除了上面说的利用动植物的方法，以下的手段更为常用。

最普遍也最重要的是地质勘查的方法。如注意发现一些矿物的露头、特殊的地层和地质构造等，都是可靠的找矿线索。

以一些特殊的地层来说吧。例如二叠系的乐平煤系、侏罗系的香溪煤系，都是富含煤资源的重要地层。只要发现它们，找矿就有很大的把握了。

地球物理和地球化学找矿法也是常用的方法。应用这两种方法发现一些标志异常的区域，进一步勘探，也可能找到可以开发的矿点或矿区。

第二十九章

三星堆铜、金、玉来源大辩论

　　成都附近著名的三星堆和金沙遗址，存有丰富的青铜器、玉器和金器，制作十分精美。这些器物的原料究竟从哪里来的？当地考古学界一直有一个结论性的说法，认为铜来自云南，玉石和金来自接近云南的凉山地区与金沙江流域。甚至还有人说，玉石来自新疆和田。和田玉天下闻名，还有什么好说的？

　　这些话乍一听，似乎都有道理，仔细一想问题就很多了。

　　是的，上述地方固然都是著名产地，但与这儿远隔千山万水，在生产条件落后的古蜀时期，人们采用什么方式把大量铜矿石或制成品运送过来？再说，云南一个著名大铜矿开采于较近的历史时期，而三四千年前的古蜀，怎么可能提前从这里采掘铜矿石？相距几千里的古代蜀族先民，又怎么知道那些地方有这些原料，非要到那么遥远的地方去开采不可？

　　这两个古蜀文明遗址的器物原料究竟是从哪儿来的？我认为来

四川省三星堆遗址

自附近龙门山中的一个矿区，即今天彭州的大宝铜矿。这里和三星堆相距只有几十公里，有一条河相连通，联系非常方便。更加值得注意的是，大宝铜矿就位于古代蜀族一位祖先柏灌史诗般翻过龙门山，进入成都平原的路线上。这里有几十处大大小小的矿点，密密麻麻散布在当时柏灌必经的路边，是一个露头密集型的矿区。

请别以为原始时期的人不认识它。铜矿石的地表露头是色彩鲜艳的孔雀石，经过这里的人不可能不会发现。

这还不算呢。打开矿产图看，我们勘查出好几大片铅锌矿的异常区，面积十分广阔，几乎遍布这儿的整个山区。铅锌往往和铜共生，也有不少铜的成分。

含金的石英脉穿插在岩层间也多得是，到处可以淘沙金，巨大的"狗头金"被发现的事例也层出不穷。这里出产玉石的变质岩呈大面积分布，更加值得一提的是，玉石种类也和三星堆的玉器完全一样，基本上都是相同的蛇纹石玉。

请问，古蜀先民需要玉和金，何必舍近求远，千里迢迢到新疆和田和金沙江畔运回来呢？何况当时用量不大，这里的铜、金、玉储量供给原始先民制造少量的器皿，完全绰绰有余。而且，最近三星堆又发现了原始河滨码头的遗迹。所有的一切都表明，古代蜀族从这里采掘了铜、金、玉的原料，用船或者木筏装载顺流而下，到达三星堆是顺理成章的事情。

再说了，在研究古蜀文明最权威的古籍《华阳国志》中，还有"鱼凫田于湔山"的记载。鱼凫是古蜀族首领，统治区域包括三星堆地区，"田"就是田猎的意思。湔山是龙门山中湔江流过的一片区域。湔江就是从大宝铜矿流到三星堆的那条河。

还需要说的是，这个矿区的发掘历史很早，有史以来一直在开采。近代进行了工业性开发，丰富的铜矿石用小火车、汽车源源不断地运送出来。三四千年前的三星堆和两千多年前的金沙时代，那么一点点需求量，难道还不能满足？非得要到遥远的云南弄回来吗？

情况已经很清楚了，可是当地考古学家们还是不点头。问题出在两个焦点：一个是大宝铜矿没有名气，古书、古人都没有提过，缺乏古文献资料。再一个是三星堆的标本化验报告单中，其中某一数据和云南某铜矿的一块标本数据很相近，有人认为这就是科学的根据。

一位考古学者说："差之毫厘，谬以千里。只需要这一份材料就够

三星堆青铜人面像

了。"可是三星堆和这个铜矿的铜矿石标本，曾经做过许多次化验呀！其他标本的数据相差很远，又该怎么解释呢？

看来需要介绍一些地质科学的基本知识了。

首先要说明，这是后期的岩浆，沿着一条条岩体缝隙侵入到前期岩体中，从而形成的一种侵入性热液矿床。

请您想一想，一股含着各种各样成分的岩浆，好像一股混杂的液体，各种成分会非常均匀吗？

这绝对不可能！

在热液流动和成矿过程中，成分分布不均匀，是一个极其正常的现象。这不是现代化工业产品，绝对不可能在同一股岩浆里，每一处的成分都绝对均匀，精确到小数点以后的若干位。

由此可见，我们看一个矿的特点，只需观察其含有某种主要成分，掌握了它的主要特点就行了，不必苛求每一块矿石的含量百分比完全相同。这才符合成矿规律，也是实事求是的研究态度。

让我们换一个方式来解释吧。这好比一锅八宝粥，不可能每一勺里的红枣、绿豆颗粒都一样多。难道可以因为一只碗里的红枣、绿豆与另一只碗里的数量有差别，就不承认是一个锅里煮出来的吗？

正确的态度是看主流，抓住基本特点。大宝铜矿的铜矿石和三星堆的青铜制品都是以"高铅低锡"为特点，只消看分析结果是不是基本符合这个特点，或是与此相反就行了。

俗话说，铁路警察各管一段。关于这个问题，地质工作者只是第一段的"铁路警察"。关于矿产的问题，是不是还得听一听其他人的意见呢？

第二段的"铁路警察"是金属冶炼专家。在冶炼问题上，他们当然比我们第一段找矿的，以及仅仅直接研究文物本身特征的第三段的"铁路警察"考古学家们内行得多。他们郑重指出，包括三星堆在内的西南地区，青铜器的铜、铅、锡三者之间的比例是"高铅低锡"。同时代的中原地区，铜、铅、锡三者之间的比例却是"高锡低铅"。只需要掌握这一个主要点就够了，不必计较什么小数点之后几位数的具体数据。

科学研究有一种模糊学。在大的背景下采用模糊、抓主流的观念，反倒比斤斤计较什么小数点确切得多。

请想一想，三星堆是什么时代？当时的冶炼水平能有多高？在那样低下的水平情况下，制造青铜器能够按照比例配方吗？

当然不可能，它不会像今天的现代化大工厂一样，所有产品的配方都严格精确。

是嘛，如果那样，也就不称其为近于原始的时代了。

当时的实际情况怎么样？

可以想象的是，只能是抓着什么就是什么，抓多抓少靠感觉。

谁不信，不妨试一试。即使以三星堆馆藏的一些青铜器为例，成分也不是完全一致的，就是这个道理。

金属冶炼专家说得好，这种情况一直延续到战国时期，直到中原出现《六齐论》后才有改变。

《六齐论》是什么书？就是最早讲冶炼技术的书。所谓"齐"就是"剂"，也就是配方的成分和比例。

请注意，直到这个时候，我们的老祖宗才开始掌握了按照比例配方的技术，制造青铜器才有规范可言。

这样说，有的考古学家还是不信，提出云南铜矿石里含有铜的同位素，作为支持观点的另一个根据。

"同位素"这个名词，听起来是不是非常"科学"，很"高精尖"

呀？云南铜矿石有同位素，自然非常特殊了。

其实，一般有色金属都有这样的情况，铜矿石也是一样的，含有同位素一点也不稀奇。其中有稳定的，也有不断蜕变的不稳定的部分，在其蜕变过程中，随时都会变化。

要知道，不稳定同位素是变化的。不能认为某个地方的铜矿石标本里含有同位素，其含量多少，就以此为不可动摇的证据。这是普遍现象，也不能作为绝对证据。

这个问题我说清楚了吗？"铁路警察"各管一段，学科之间有密切的联系。请不要故步自封，一些问题还得听听相关学科专家的意见才好。

小知识

矿 床

什么是矿床？就是存在于岩体内，可以满足目前工业开采利用的有用矿物的集合体。一个矿床内，可以是一个矿体，也可以是多个矿体的组合。从矿床所开采出来的，包含着有用矿物本身，也包括一些无用的围岩，必须经过选矿才能得到所要的东西。

矿床的品位很不相同，随着时代发展与技术水平不断提高，不同时代对矿床的品位要求也不一样。从前不能开采的低品位矿床，现在可以开采；现在不能开采的一些矿床，没准儿未来也能够开采了。

矿床有很多分类的办法。有的按照生成原因分类，可以分为热液矿床、沉积矿床、变质矿床；有的按照工业类型分类，可以分为黑色金属矿床、有色金属矿床、可燃有机岩类矿床等；也有为了实用方便，划分为金属矿床、非金属矿床、能源矿床、建材矿床、肥料和农用矿床、宝石和贵金属矿床、化工原料矿床等。